中等职业学校动漫专业一体化丛书

产品效果图设计
（三维建模）

主　编　余毅能

副主编　周敏慧　王　睿

暨南大学出版社
JINAN UNIVERSITY PRESS

中国·广州

图书在版编目（CIP）数据

产品效果图设计. 三维建模 / 余毅能主编；周敏慧，王睿副主编 . —广州：暨南大学出版社，2015.6
（中等职业学校动漫专业一体化丛书）
ISBN 978 - 7 - 5668 - 1432 - 6

Ⅰ.①产…　Ⅱ.①余…②周…③王…　Ⅲ.①工业产品—造型设计—效果图—中等专业学校—教材　Ⅳ.①TB472

中国版本图书馆 CIP 数据核字（2015）第 106610 号

出版发行：暨南大学出版社

地　　址：中国广州暨南大学
电　　话：总编室（8620）85221601
　　　　　营销部（8620）85225284　85228291　85228292（邮购）
传　　真：（8620）85221583（办公室）　85223774（营销部）
邮　　编：510630
网　　址：http：//www. jnupress. com　http：//press. jnu. edu. cn

排　　版：广州联图广告有限公司
印　　刷：佛山市浩文彩色印刷有限公司

开　　本：787mm×1092mm　1/16
印　　张：8.5
字　　数：206 千
版　　次：2015 年 6 月第 1 版
印　　次：2015 年 6 月第 1 次

定　　价：22.00 元

总　序

　　计算机动漫与游戏制作专业是广州市交通技师学院信息工程系的拳头专业，2013年被纳入国家中等职业教育改革发展示范学校建设重点支持专业。在示范校建设过程中，信息工程系通过与企业和周边社区合作，建立技能提升平台和综合职业能力强化平台，构建了工学结合"双平台"人才培养模式；学校、企业、课程专家共同参与，调研分析企业岗位工作任务，开发教学项目，设计项目课程，进一步优化课程结构，建设优质教学资源，构建出项目式一体化课程体系。通过两年的建设，计算机动漫与游戏制作专业已经成为校企社深度融合的开放式国家示范性专业，在中等职业教育改革发展中发挥引领、骨干和辐射作用。

　　中等职业教育基于工作过程系统化课程开发模式，所产生的结果就是项目式课程。在课程开发过程中，召开实践专家访谈会提炼出职业岗位群的典型工作任务，经过教育专家的设计转化，形成了以学生为中心、以任务为载体的学习领域，目前已有多个学习领域构建出专业课程方案。显然，传统的学科式教材已经不能满足该类课程的需要。2013年4月，信息工程系成立由2名专业带头人、12名骨干教师组成的教材开发团队，通过1年多的不懈努力，编写出8本项目式校本教材。经过6个教学班级试用，开发团队发现，师生对教材反应良好，具有推广价值。经过各位老师进一步修订后，最终形成本套丛书并出版发行。

　　本套动漫系列教材共有6册，其中《产品效果图设计（三维建模）》由余毅能主编，周敏慧、王睿副主编；《网页美工设计》由刘蓉主编；《海报设计》由靳妍主编，谭伟玉、梁倩雅、罗敏琼副主编；《产品摄影》由黄远岸主编；《Flash动画制作》由邓兴兴主编，刘索云副主编；《后期特效设计》由周敏慧主编，卢洁仪、余毅能副主编。

　　由于时间和精力所限，本套丛书中可能存在一些疏漏甚至错误，请各位专家和读者批评指正，望能及时联系作者或者出版社，我们将尽快修正。

丛书编写组

2015年5月

目　录

1 Maya 基础操作

1.1 文件基本操作

首先双击图标激活 Maya 软件，进入到工作区域，新建一个基本模型。当我们需要对场景进行旋转观察的时候，只需按住键盘上的"Alt"键 + 鼠标左键即可；当我们需要对场景进行移动观察的时候，只需按住键盘上的"Alt"键 + 鼠标中键即可；当我们需要对场景进行缩放观察的时候，只需按住键盘上的"Alt"键 + 鼠标右键即可。

1.2 新建工程项目

开始工作之前，为了更好地管理项目中的文件，首先需要新建一个项目（Project），使用项目可以对各类文件进行分类保存和管理。

点击 File – Project Window（文件—项目窗口），弹出 Project Window 窗口，选择 Current Project（当前项目）后面的 New，可以对文件的名字进行重命名，同时激活下面的文件夹图标，点击文件夹图标就可以创建新的文件路径。其他的选项使用默认选项即可完成。

1.3 新建/保存场景

在完成工程目录的设置以后，可以新建场景。点击 File – New Scene（文件—新建场景），或通过快捷键"Ctrl + N"进行操作，新建一个场景，这个场景会创建在工程目录的 Scene 里。

当我们完成了场景的制作或者制作进行了一定时间以后，就需要对场景进行保存。此时可点击 File – Save Scene（文件—保存场景），或通过快捷键"Ctrl + S"进行操作。

1.4 导入/导出文件

导入文件就是把另一个文件导入到当前的场景文件当中。点击 File – Import（文件—导入），出现 Import（导入）窗口，选择需要导入的文件，单击 Import 按钮即可。

有导入文件就会有导出文件，导出的方法有两种：执行 Export All（导出全部）命令和 Export Selection（导出所选）命令。

其中，执行 Export All 命令只需点击 File – Export All（文件—导出全部），就会弹出窗口，选择好保存的路径和文件名称以及文件类型即可。

在执行 Export Selection 命令前，首先要选择好需要导出的物体，然后点击 File – Export Selection（文件—导出所选），最后会弹出窗口，只要选择好保存的路径和文件名称以及文件类型即可。

2 Maya 命令工具

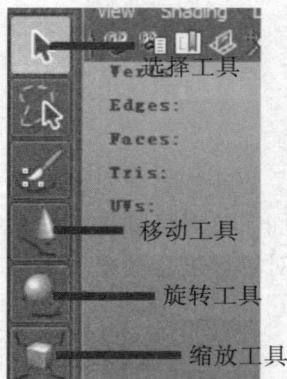

图2.1

Maya 软件的命令工具包括选择、移动、旋转和缩放四个基本工具（如图 2.1 所示），通过以上四个命令工具我们可以对 Maya 软件进行具体的操作。

▌2.1 选择工具

相信很多同学都接触过其他的电脑软件，打开软件后我们第一个接触的一般都会是选择工具，其实我们在默认状态下就已经执行了选择工具。在 Maya 界面中工具栏的第一个选项就是 Maya 软件的"选择工具" ，快捷键是键盘上的"Q"键。通过选择工具我们可以执行工具栏命令的选择和工作区物体的选择（如图 2.2、图 2.3 所示）。

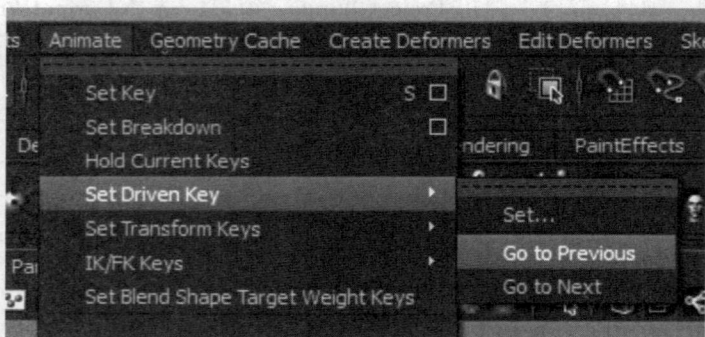

图2.2

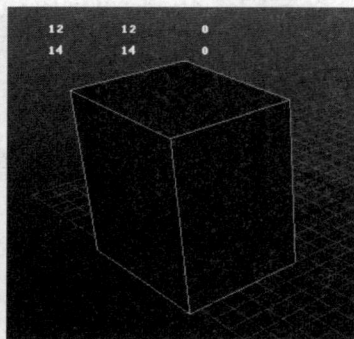

图2.3

▌2.2 移动工具

在 Maya 软件里，如果我们需要对物体进行移动，就需要点击工具栏的"移动工具" ，或者可以通过键盘上的快捷键"W"来进行操作。

当我们选中物体执行移动命令后，物体会出现红、绿、蓝三个颜色坐标。红色代表 X 轴，绿色代表 Y 轴，蓝色代表 Z 轴。可以通过选择所需要移动的轴向的圆锥或者中心的小正方形进行移动。这时候可能很多同学会分不清哪个颜色代表哪个轴向，我们可以通过工作区左下角的"轴向显示" 来观察哪个颜色代表哪个轴向（如图 2.4、图 2.5 所示）。

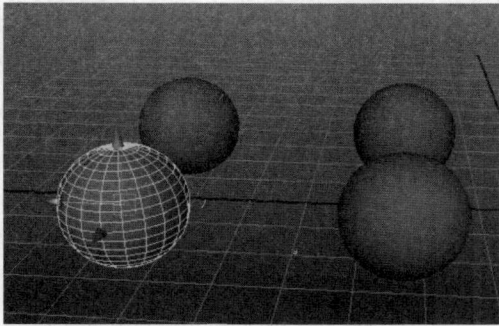

图2.4

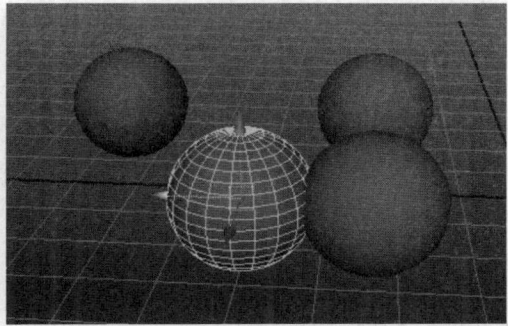

图2.5

2.3 旋转工具

当我们需要对一个物体进行360°观察的时候，可以通过视图进行操作。但是当场景中的物体过多，不方便观察的时候，可以通过对物体进行旋转来观察。旋转工具在 Maya 工具栏的显示图标为"![icon]"，单击鼠标左键就可以执行，或者通过快捷键"E"来执行。

当我们执行旋转命令后，物体会出现红、绿、蓝三个颜色圆圈，这三个颜色的坐标代表的轴向和移动工具一样。图2.6、图2.7 为执行命令前和执行命令后的效果对比。

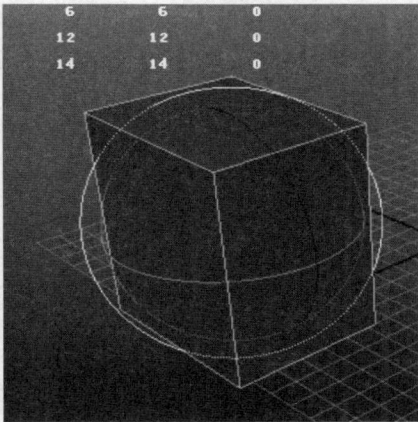

图2.6

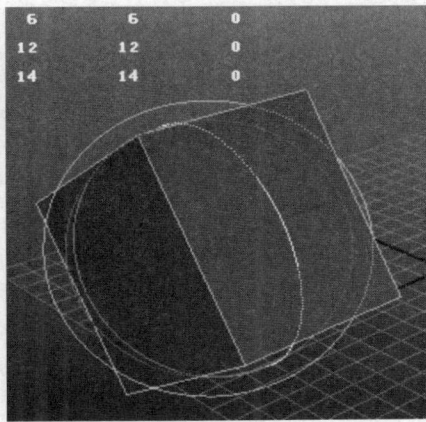

图2.7

2.4 缩放工具

当场景中的物体过小而难以观察的时候，可以通过缩放操作来对物体进行放大。当我们遇到场景中某一个物体和其他物体的比例差距太大需要进行缩放的时候，就要用到工具栏的"缩放工具" ![icon] 对物体进行缩放，也可以通过快捷键"R"来进行操作。

当我们执行缩放命令后，物体会出现红、绿、蓝、黄四个颜色圆圈，这四个颜色的坐标代表的轴向和移动工具一样。图2.8、图2.9为执行命令前和执行命令后的效果对比。

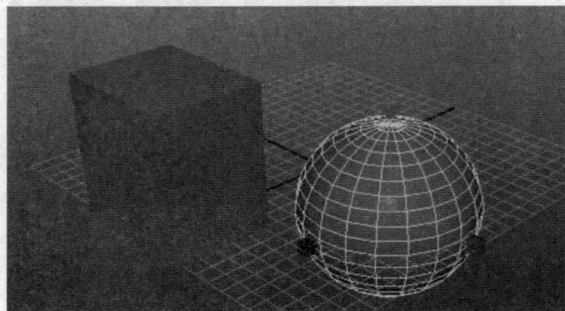

图2.8

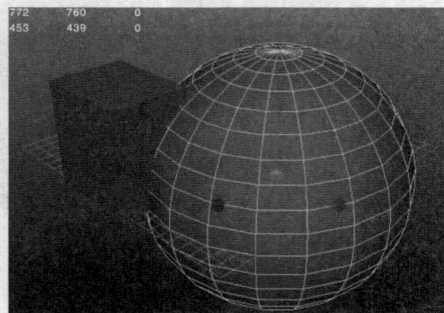

图2.9

3　编辑操作

■ 3.1　Undo（撤销）

Undo（撤销）即撤销最后执行的命令操作。执行 Edit – Undo（编辑—撤销）命令，或者通过快捷键"Ctrl + Z"进行操作。Undo 只能对命令进行撤销，不能对视图或摄像机视觉角度的设置进行撤销。

■ 3.2　Redo（恢复）

Redo（恢复）即恢复所执行的操作或者重复执行最后的操作。执行 Edit – Redo（编辑—重做）命令，或者按快捷键"Ctrl + Y"进行操作。

■ 3.3　Delete（删除）

Delete（删除）即删除场景中的对象。选择对象，执行 Edit – Delete（编辑—删除）命令，或者直接按键盘上的"Delete"键进行操作。

■ 3.4　Duplicate（复制）

Duplicate（复制）即复制场景中的对象。选中场景中的对象，然后点击 Duplicate（复制），复制出来的物体会直接和当前选中的模型重叠，相当于复制和粘贴。这可以通过快捷键"Ctrl + D"来完成，效果如图3.1、图3.2、图3.3所示。

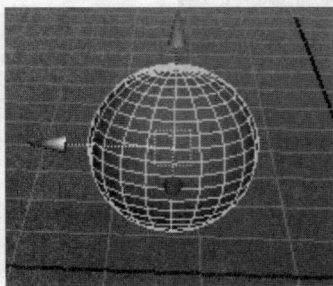
图3.1

图3.2

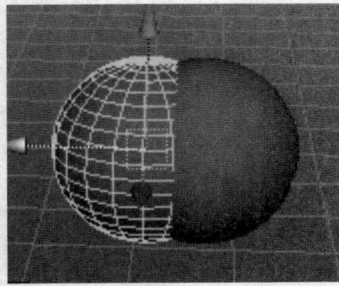
图3.3

4 Create（创建）菜单

4.1 Polygon Primitives（多边形基本几何体）

4.1.1 Sphere（球体）

单击 Create – Polygon Primitives – Sphere – □ （创建—多边形基本几何体—球体—小正方形），打开选项窗口。

Radius（半径）：设定创建出来的球体的半径大小（效果如图4.1、图4.2所示）。

Subdivisions Axis（细分旋转轴）：对创建出来的球体的旋转轴细分段数（效果如图4.3、图4.4所示）。

Subdivisions Height（细分高度）：对创建出来的球体的高度细分段数（效果如图4.5、图4.6所示）。

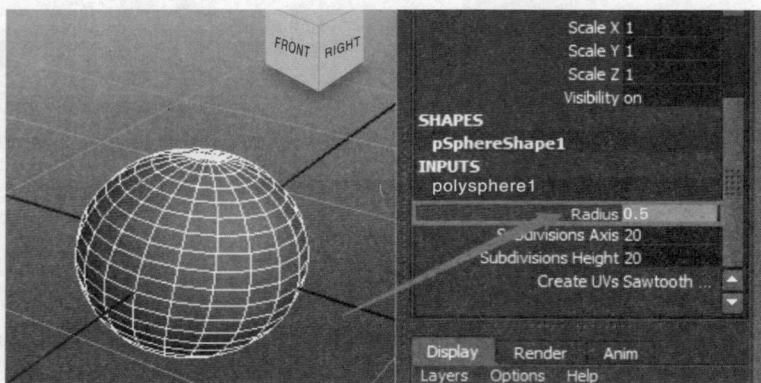

图4.1

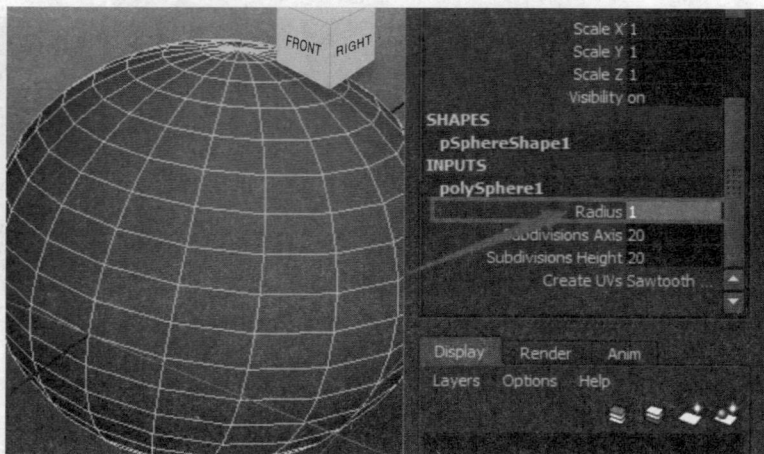

图4.2

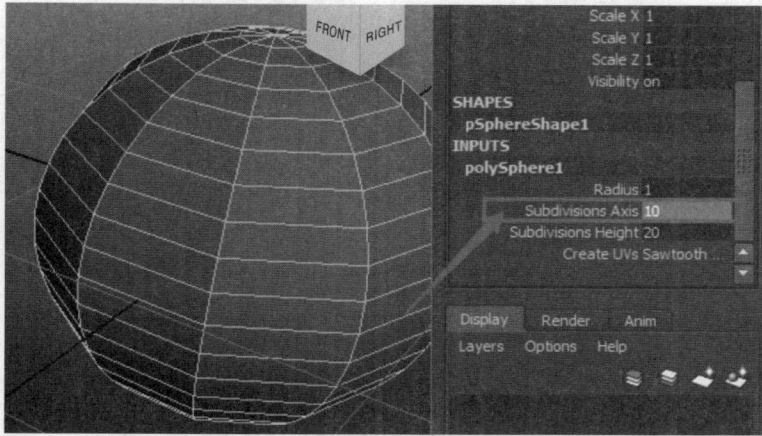

图 4. 3

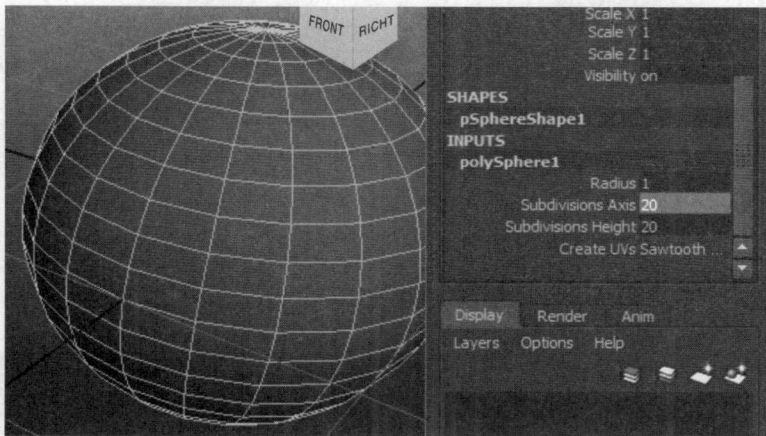

图 4. 4

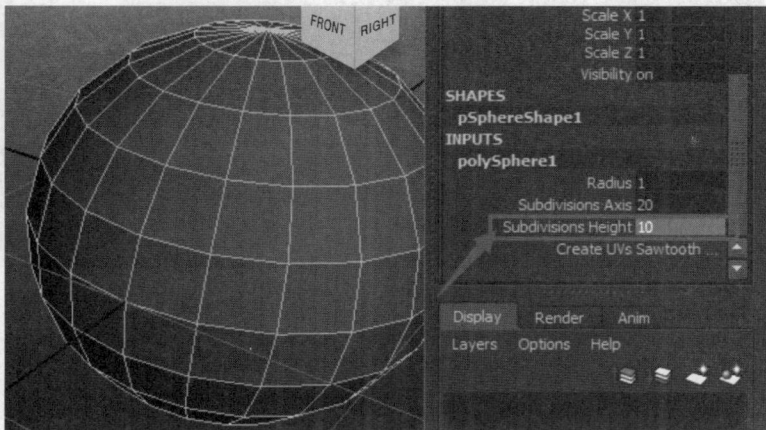

图 4. 5

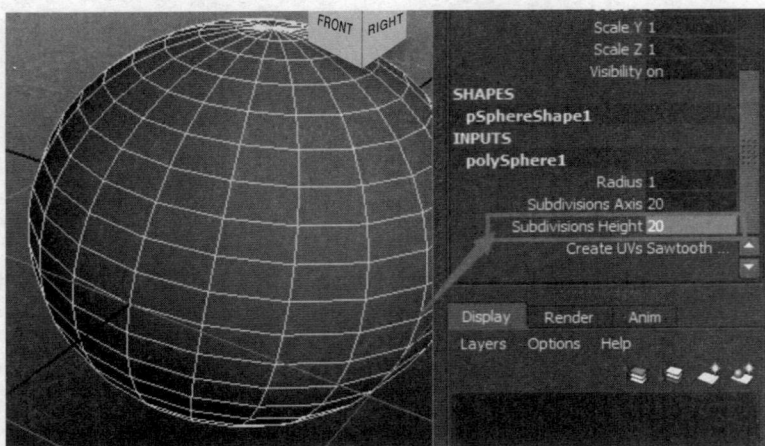

图 4.6

4.1.2 Cube（立方体）

单击 Create – Polygon Primitives – Cube – ⬛ （创建—多边形基本几何体—立方体—小正方形），打开选项窗口。

Width/Height/Depth（宽度/高度/深度）：设定创建出来的立方体的宽度/高度/深度（效果如图 4.7、图 4.8 所示）。

Subdivisions Width/Height/Depth（细分宽度/高度/深度）：对创建出来的立方体的宽度/高度/深度细分段数（效果如图 4.9、图 4.10 所示）。

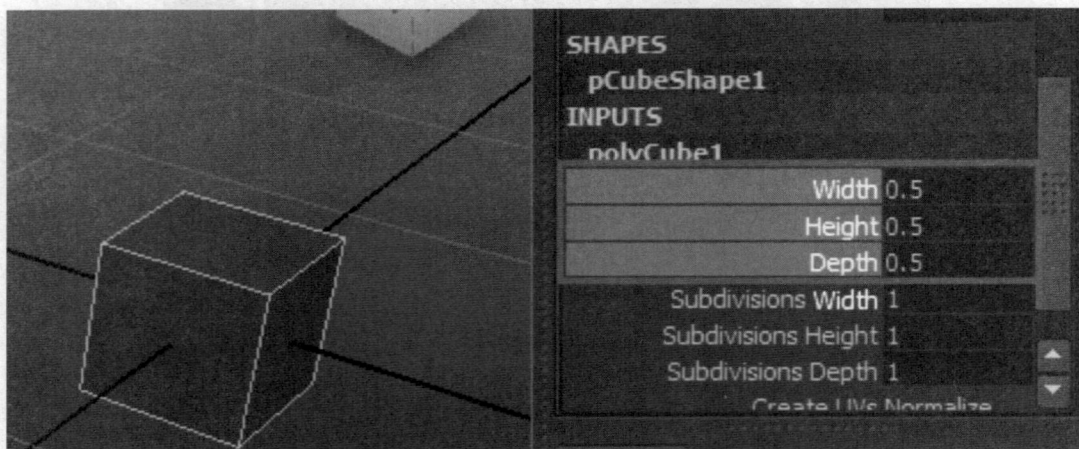

图 4.7

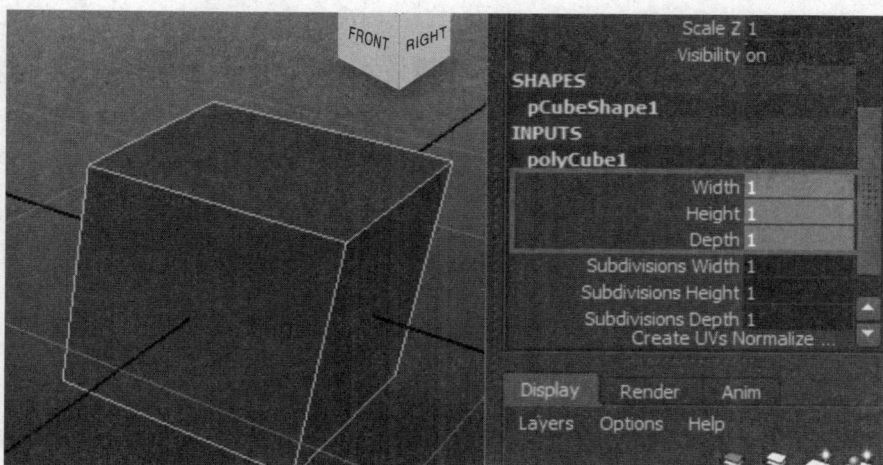

图 4.8

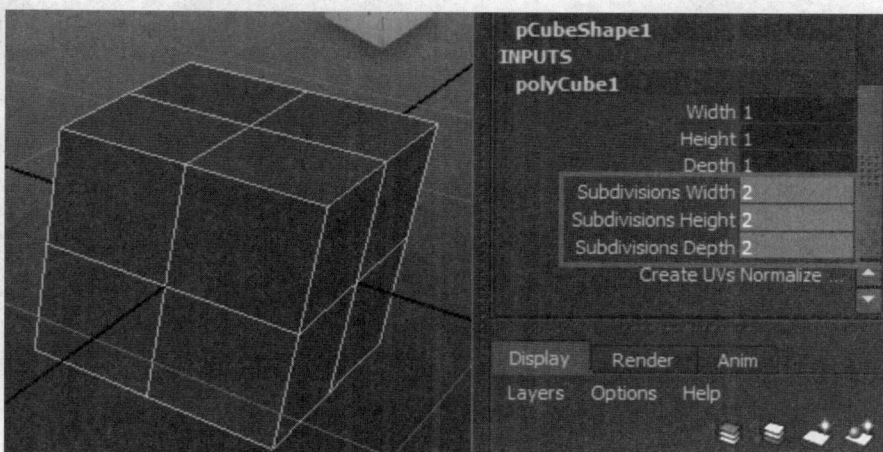

图 4.9

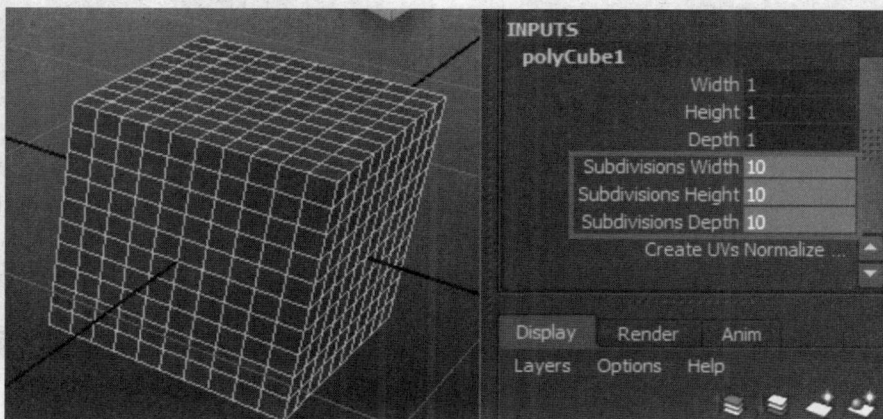

图 4.10

4.1.3 Cylinder (圆柱体)

单击 Create – Polygon Primitives – Cylinder – □ （创建—多边形基本几何体—圆柱体—小正方形），打开选项窗口。

Radius/Height（半径/高度）：设定创建出来的圆柱体的半径大小/高度（效果如图 4.11、图 4.12 所示）。

Subdivisions Axis（细分旋转轴）：对创建出来的圆柱体的旋转轴细分段数（效果如图 4.13、图 4.14 所示）。

Subdivisions Height（细分高度）：对创建出来的圆柱体的高度细分段数（效果如图 4.15、图 4.16 所示）。

Subdivisions Caps（细分顶部）：对创建出来的圆柱体的顶部细分段数（效果如图 4.17、图 4.18 所示）。

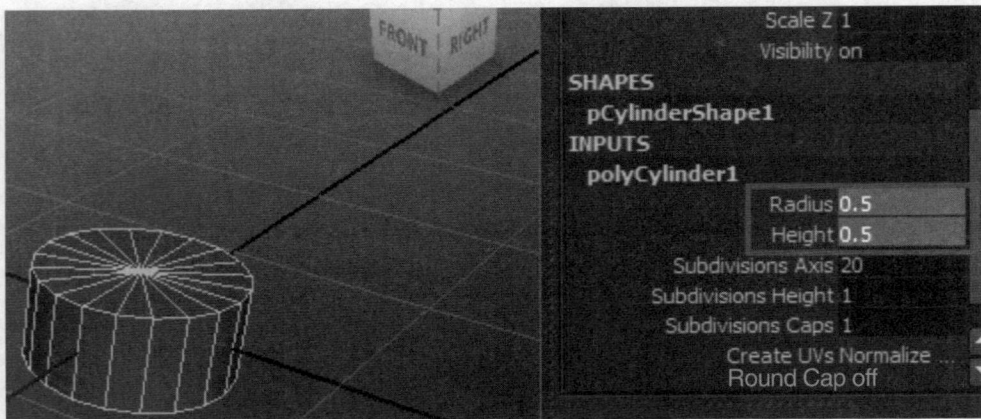

图 4.11

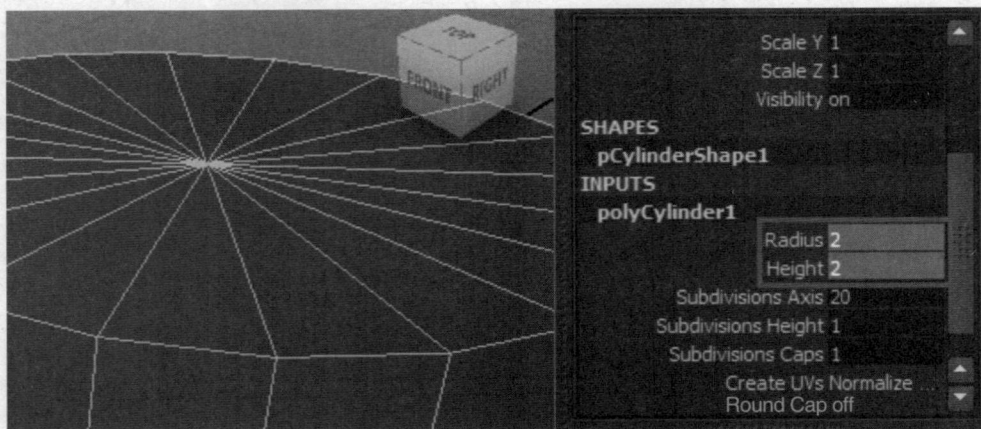

图 4.12

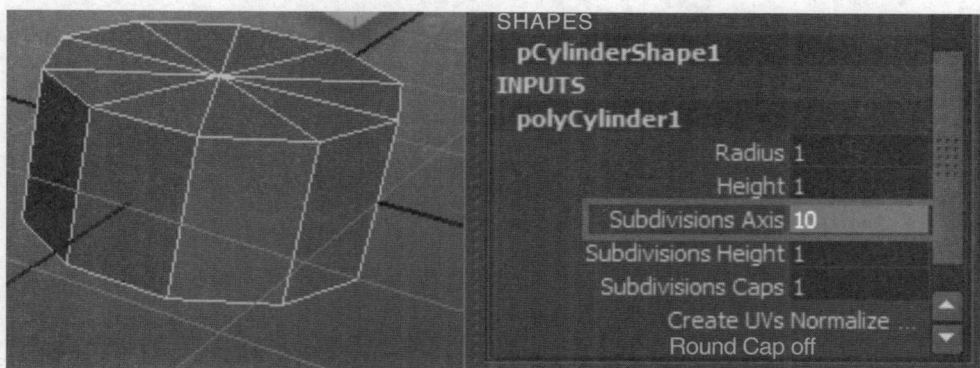

图 4. 13

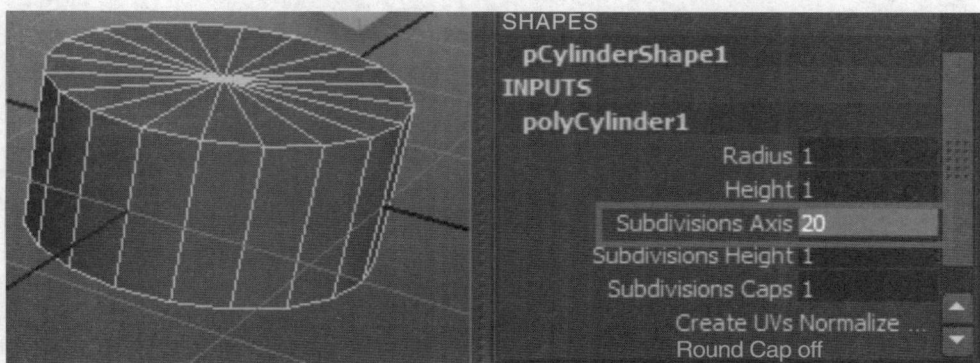

图 4. 14

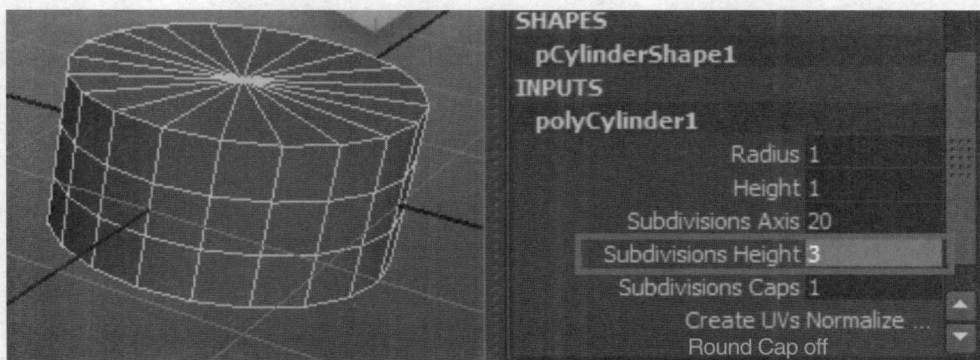

图 4. 15

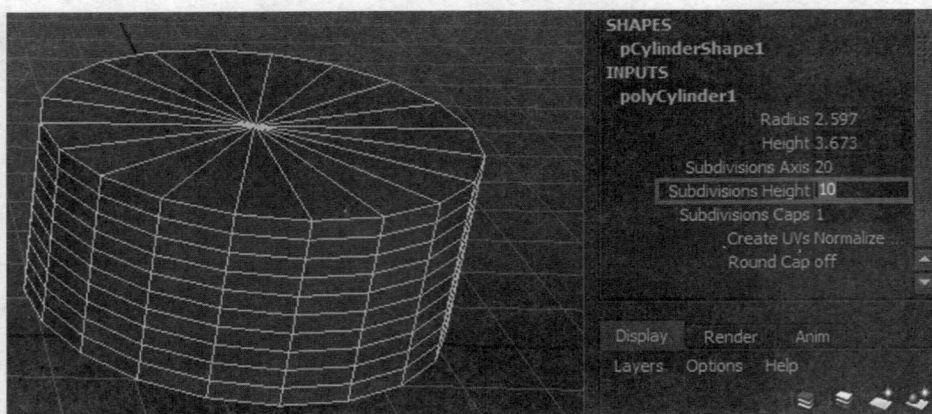

图 4.16

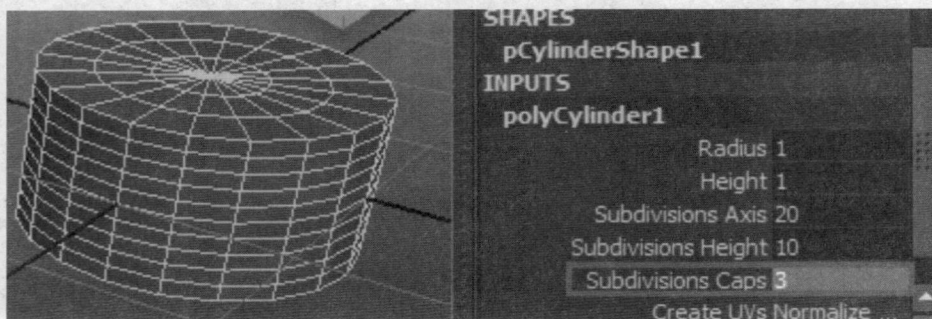

图 4.17

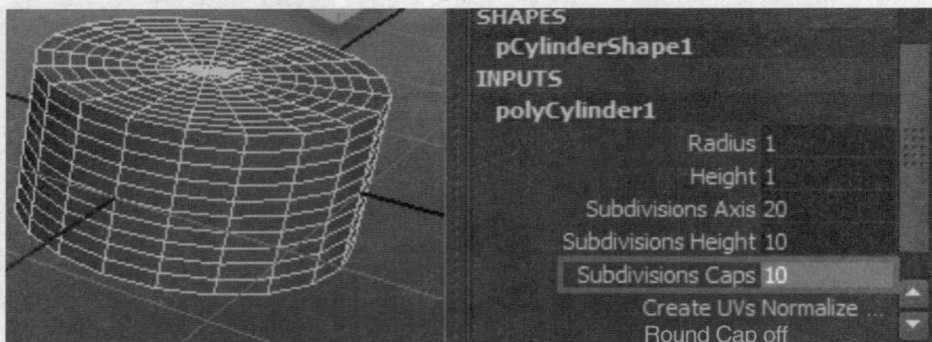

图 4.18

4.1.4 Cone（圆锥体）

单击 Create – Polygon Primitives – Cone – □ （创建—多边形基本几何体—圆锥体—小正方形），打开选项窗口。

Radius/Height（半径/高度）：设定创建出来的圆锥体的半径大小/高度（效果如图 4.19、图 4.20 所示）。

Subdivisions Axis（细分旋转轴）：对创建出来的圆锥体的旋转轴细分段数（效果如图 4.21、图 4.22 所示）。

Subdivisions Height（细分高度）：对创建出来的圆锥体的高度细分段数（效果如图 4.23、图 4.24 所示）。

Subdivisions Cap（细分顶部）：对创建出来的圆锥体的顶部细分段数（效果如图 4.25、图 4.26所示）。

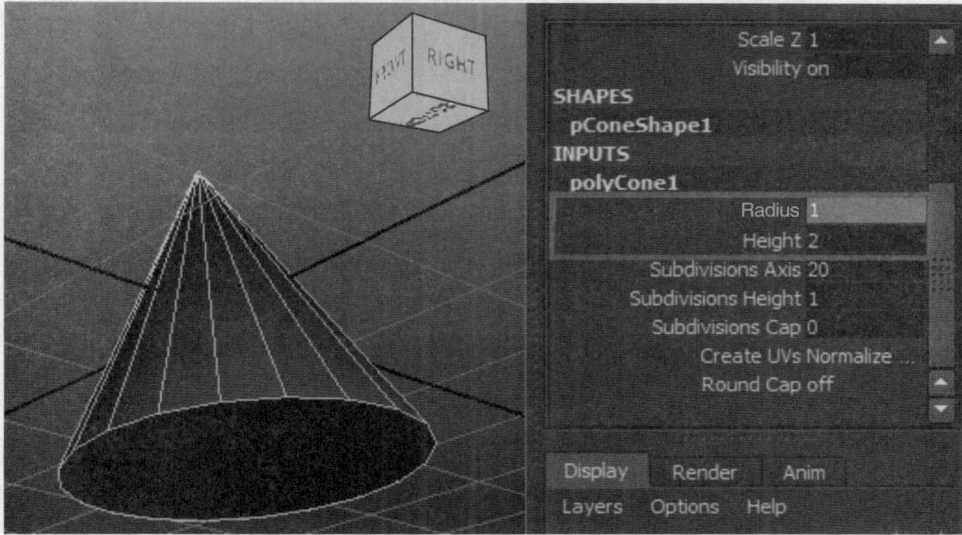
图 4.19

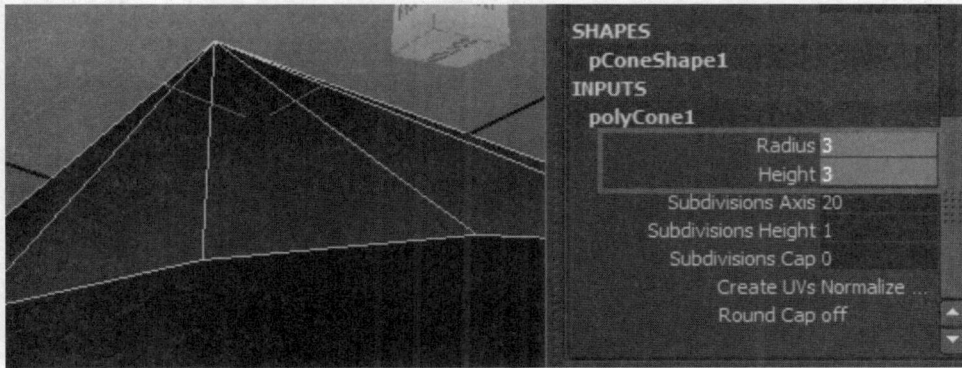
图 4.20

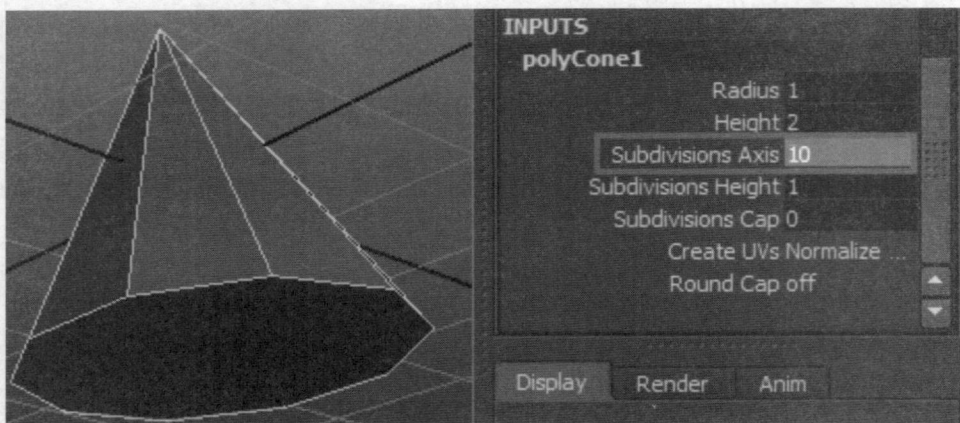

图 4. 21

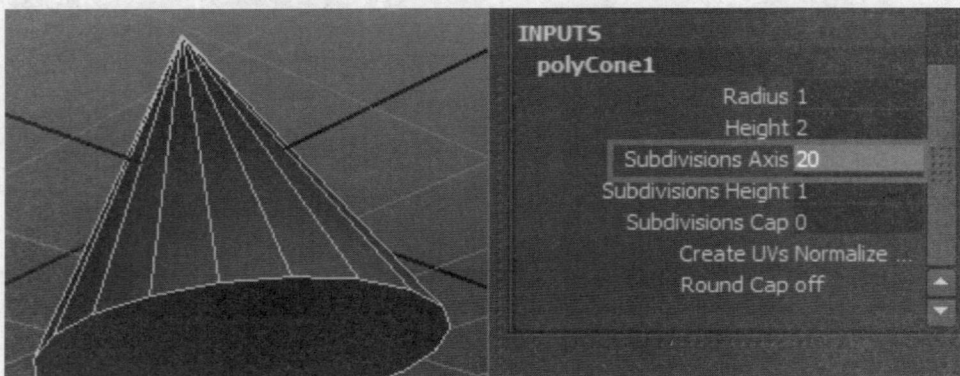

图 4. 22

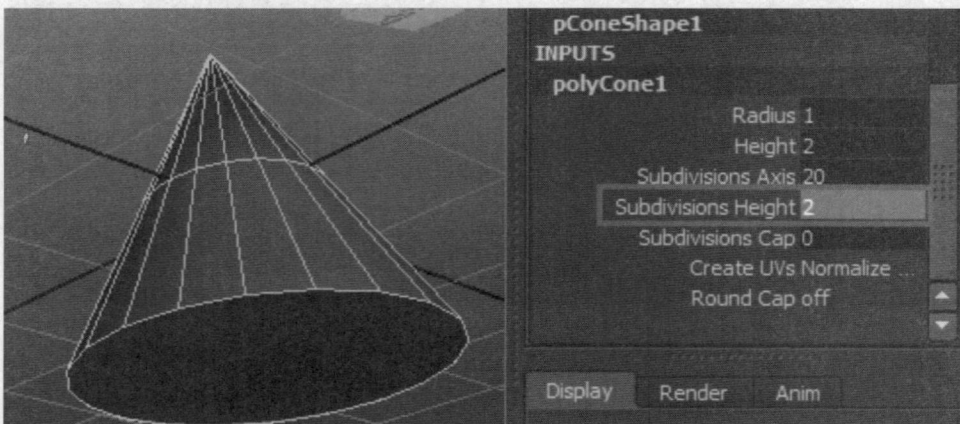

图 4. 23

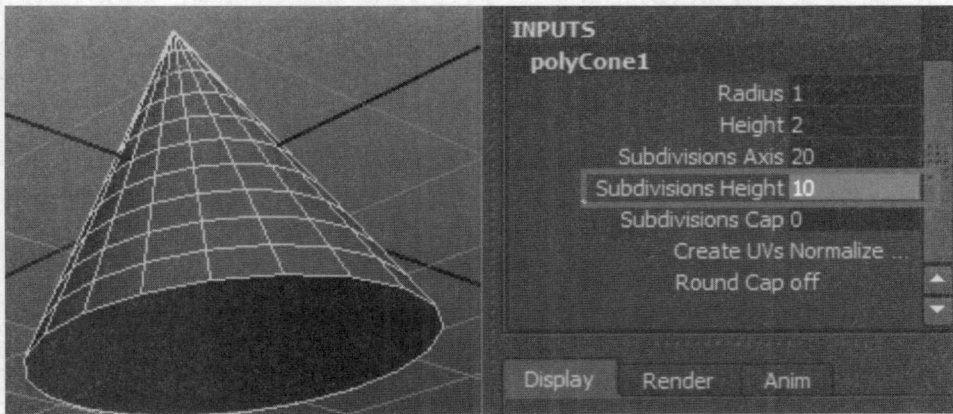

图 4. 24

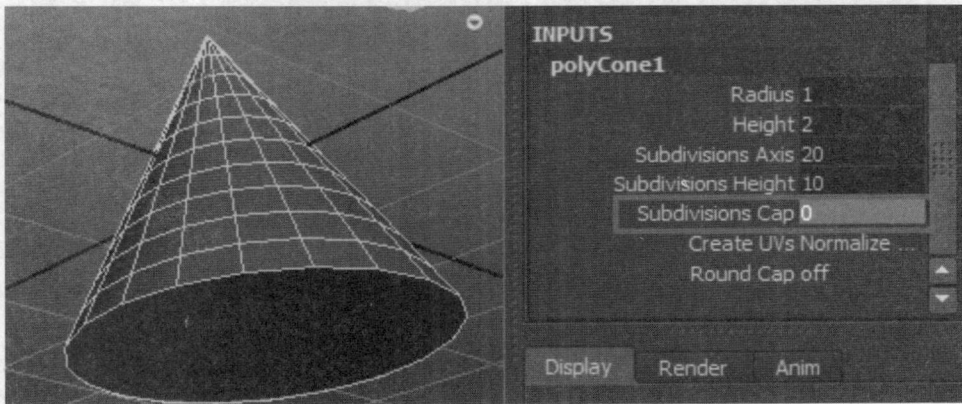

图 4. 25

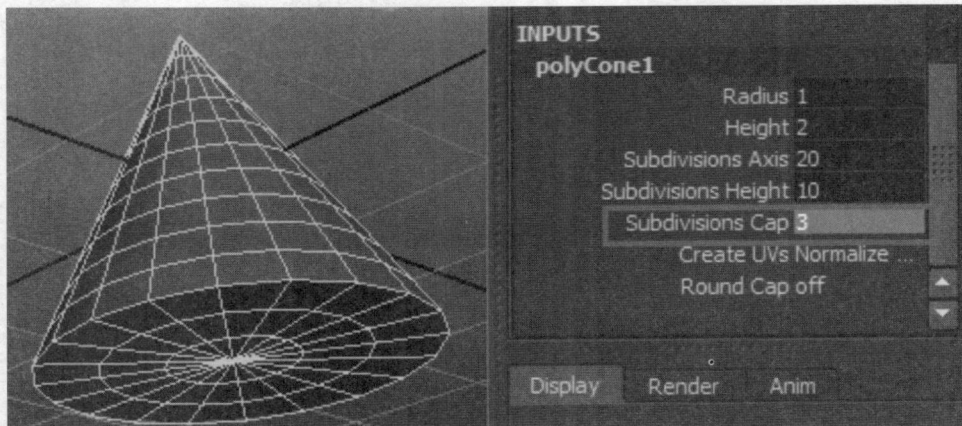

图 4. 26

4.1.5　Plane（平面）

单击 Create – Polygon Primitives – Plane – □ （创建—多边形基本几何体—平面—小正方形），
打开选项窗口。

Width/Height（宽度/高度）：设定创建出来的平面的宽度/高度（效果如图4.27、图4.28所示）。

Subdivisions Width/Height（细分宽度/高度）：对创建出来的平面的宽度/高度细分段数（效
果如图4.29、图4.30所示）。

图 4.27

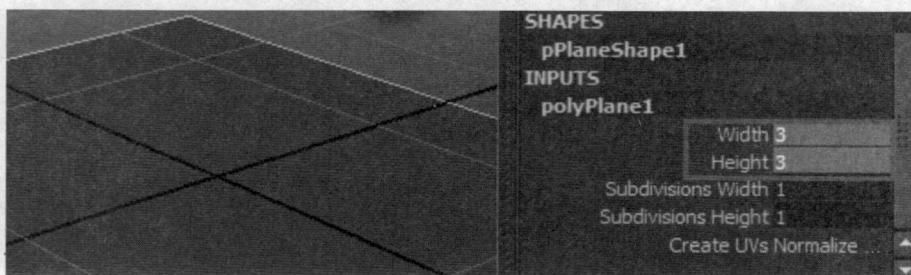

图 4.28

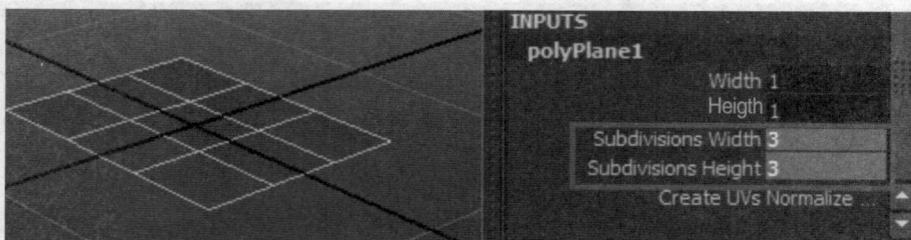

图 4.29

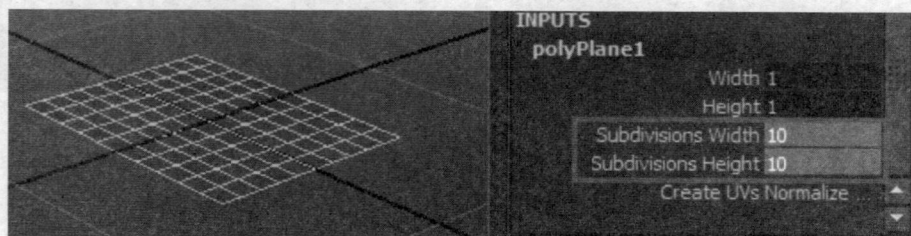

图 4.30

4.1.6 Torus（圆环）

单击 Create – Polygon Primitives – Torus – ■ （创建—多边形基本几何体—圆环—小正方形），打开选项窗口。

Radius（半径）：设定创建出来的圆环的半径大小（效果如图 4.31、图 4.32 所示）。

Subdivisions Axis（细分旋转轴）：对创建出来的圆环的旋转轴细分段数（效果如图 4.33、图 4.34 所示）。

Subdivisions Height（细分高度）：对创建出来的圆环的高度细分段数（效果如图 4.35、图 4.36 所示）。

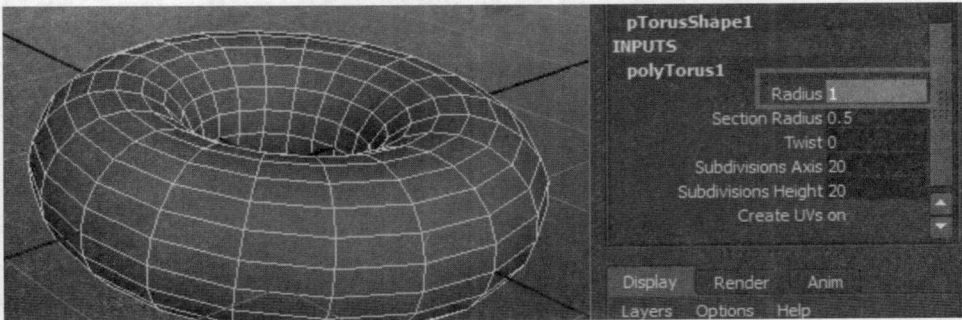

图 4.31

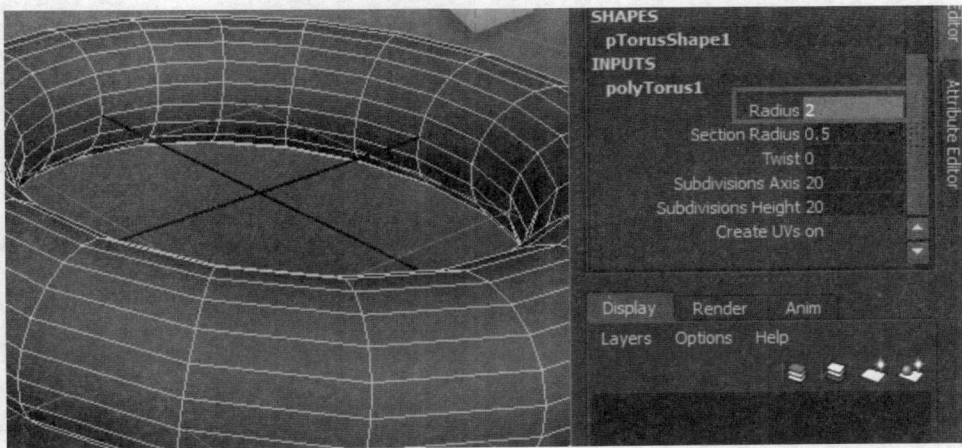

图 4.32

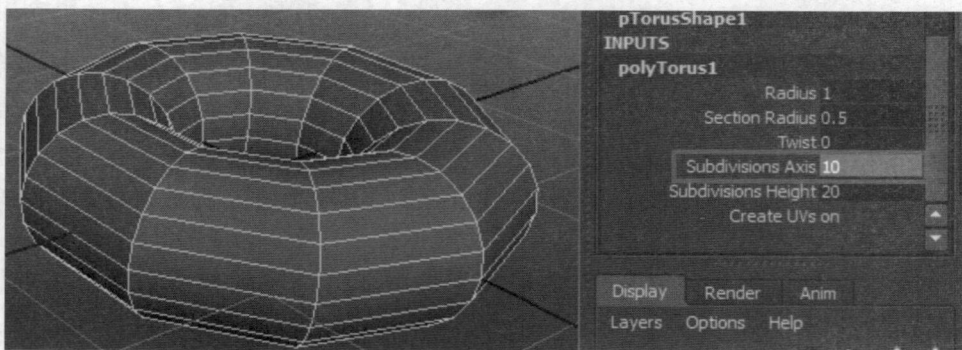

图 4. 33

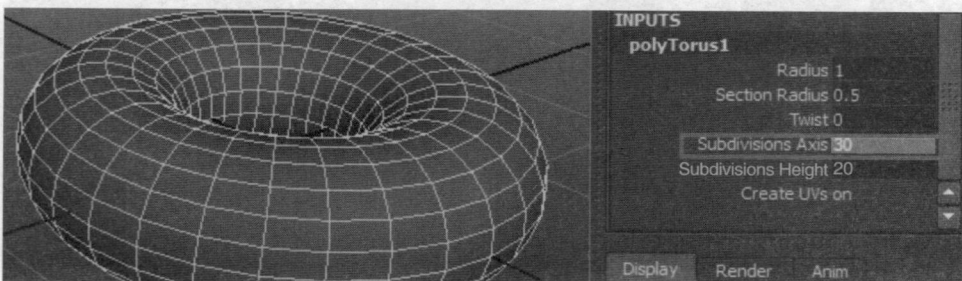

图 4. 34

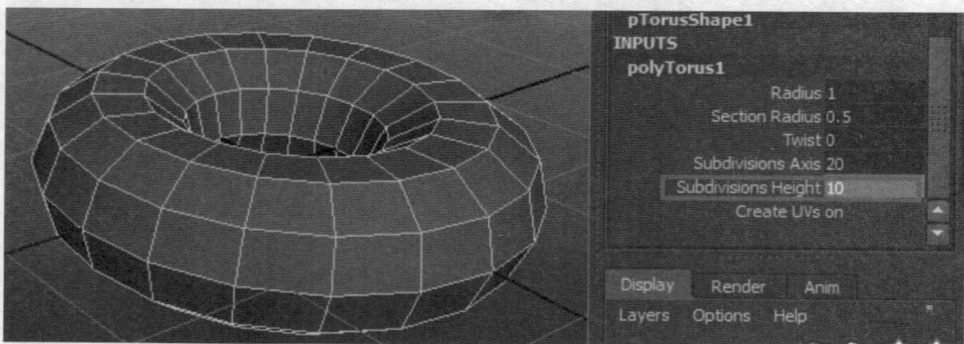

图 4. 35

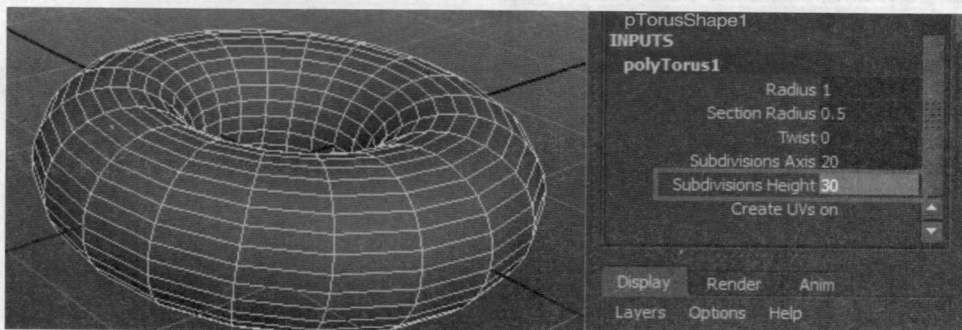

图 4. 36

4.1.7 Prism（三棱柱）

单击 Create – Polygon Primitives – Prism – □ （创建—多边形基本几何体—三棱柱—小正方形），打开选项窗口。

Length（长度）：设定创建出来的棱柱体的长度（效果如图4.37、图4.38 所示）。

Side Length（边长）：设定创建出来的棱柱体的边长（效果如图4.39、图4.40 所示）。

Number Of Sides（边数）：设定创建出来的棱柱体的边数（效果如图4.41、图4.42 所示）。

Subdivisions Height（细分高度）：对创建出来的棱柱体的高度细分段数（效果如图4.43、图4.44 所示）。

Subdivisions Caps（细分顶部）：对创建出来的棱柱体的顶部细分段数（效果如图4.45、图4.46 所示）。

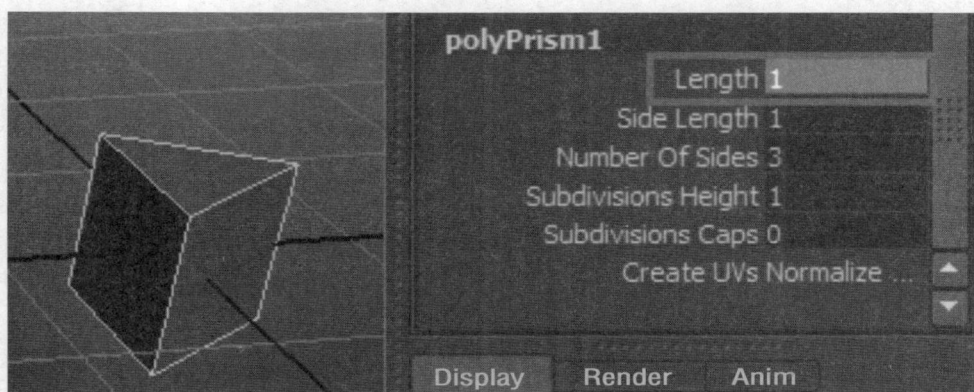

图 4. 37

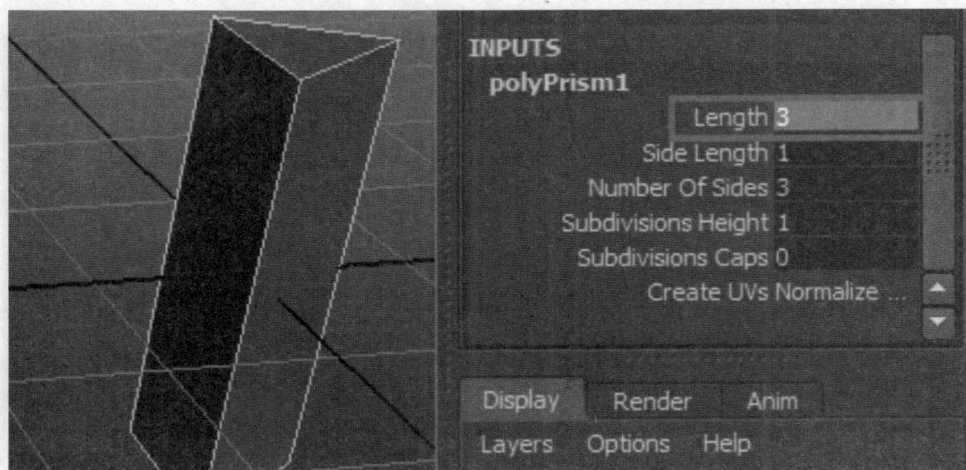

图 4. 38

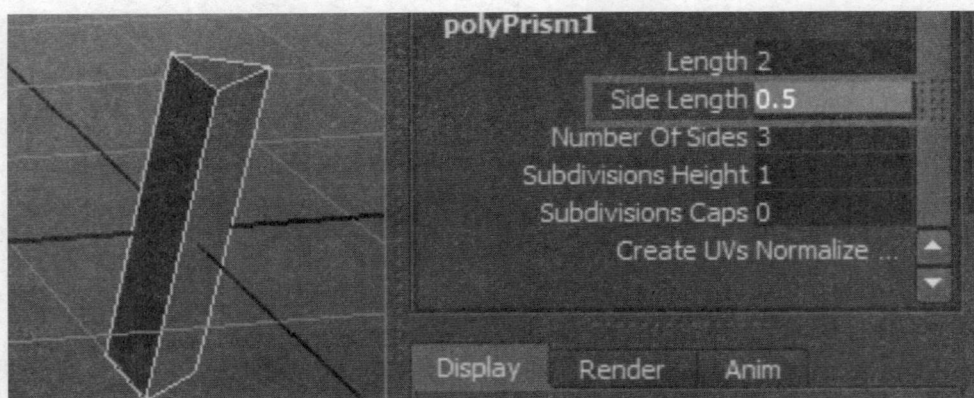

图 4. 39

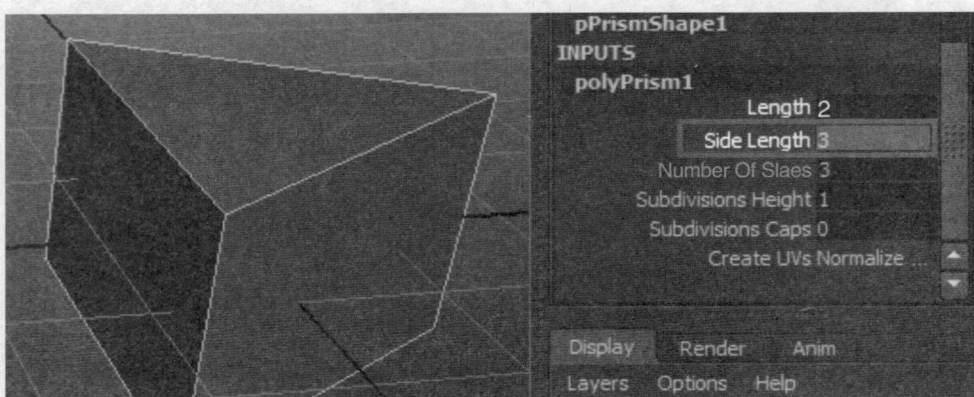

图 4. 40

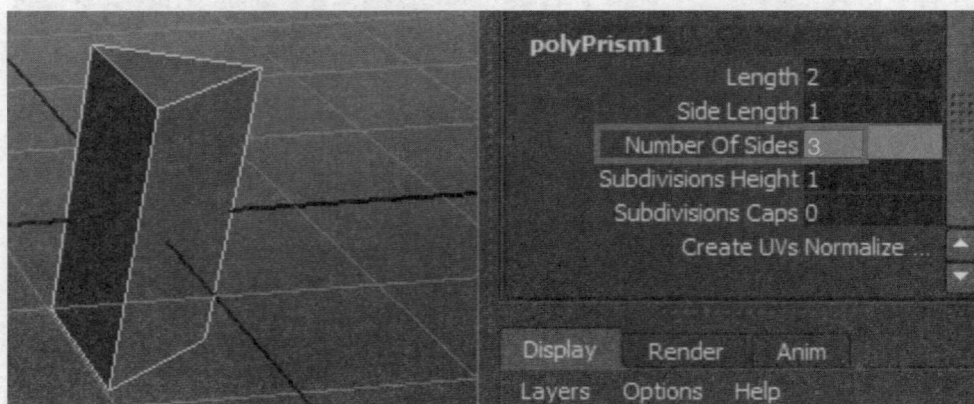

图 4. 41

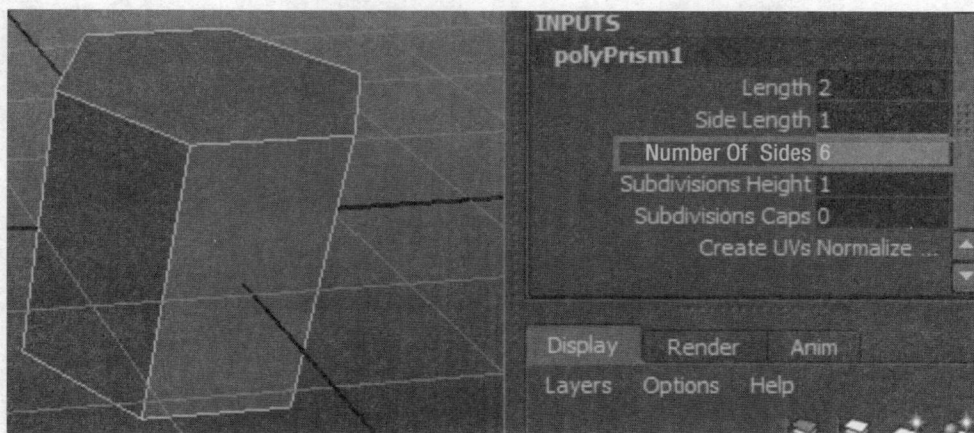

图 4. 42

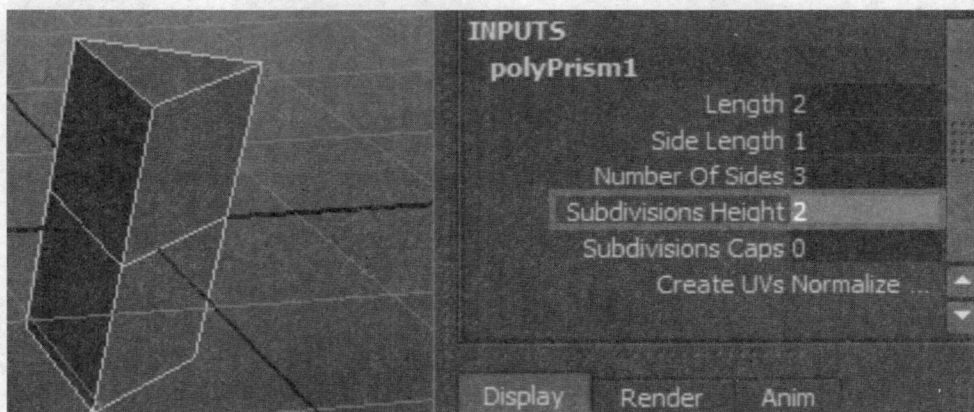

图 4. 43

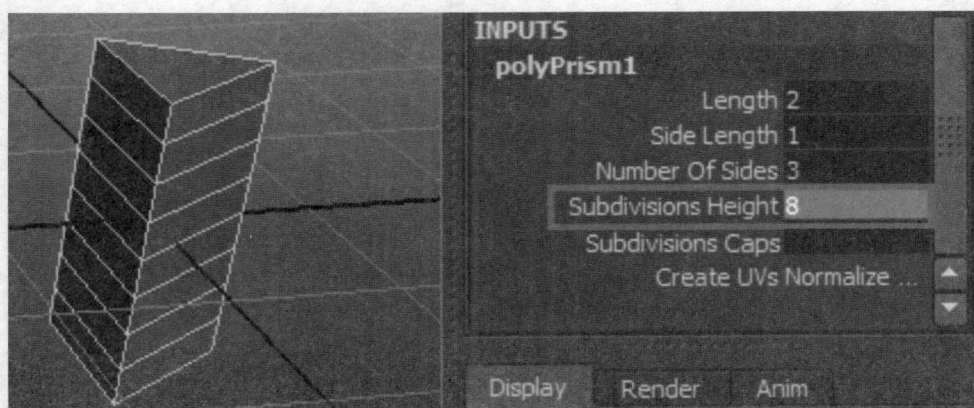

图 4. 44

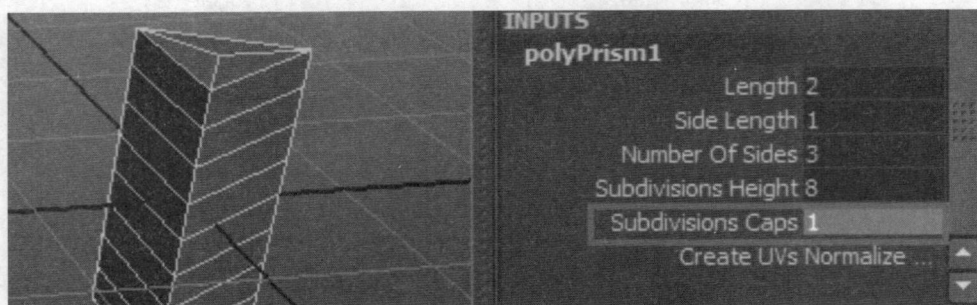

图 4. 45

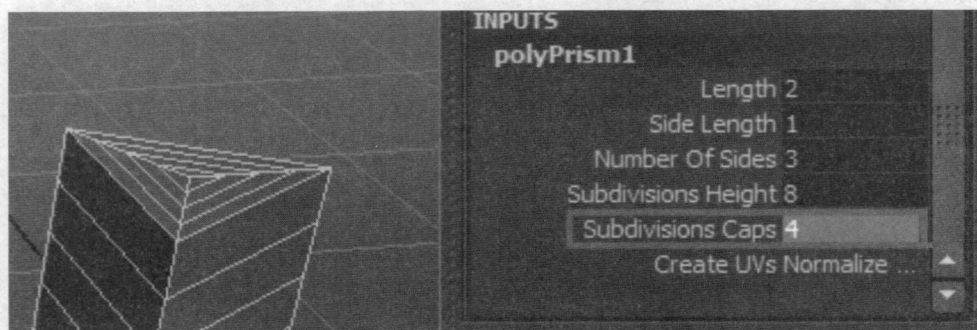

图 4. 46

4. 1. 8　Pyramid（棱锥）

单击 Create – Polygon Primitives – Pyramid – □ （创建—多边形基本几何体—棱锥—小正方形），打开选项窗口。

Side Length（边长）：设定创建出来的棱锥体的边长（效果如图 4. 47、图 4. 48 所示）。

Number Of Sides（边数）：设定创建出来的棱锥体的边数（效果如图 4. 49、图 4. 50 所示）。

Subdivisions Height（细分高度）：对创建出来的棱锥体的高度细分段数（效果如图 4. 51、图 4. 52 所示）。

Subdivisions Caps（细分顶部）：对创建出来的棱锥体的顶部细分段数（效果如图 4. 53、图 4. 54所示）。

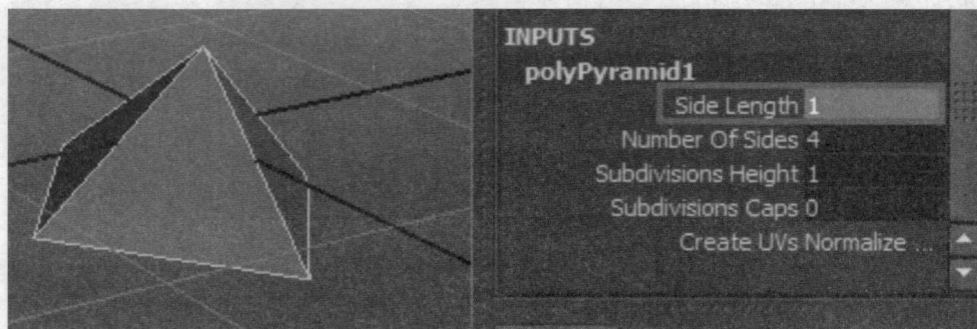

图 4. 47

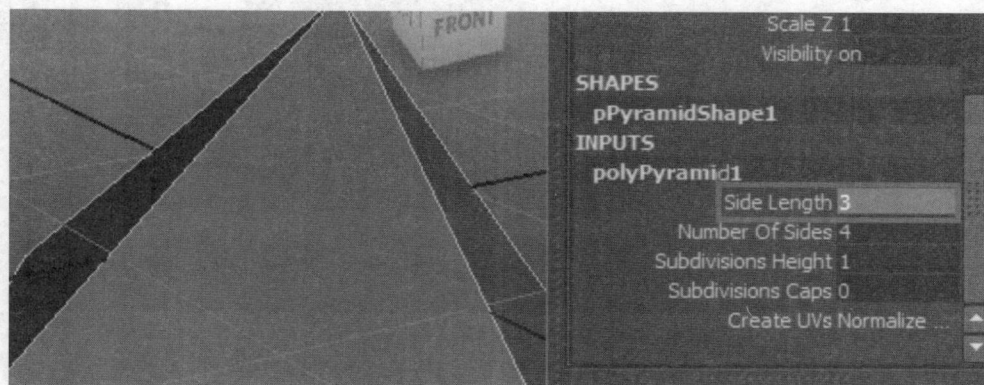

图 4. 48

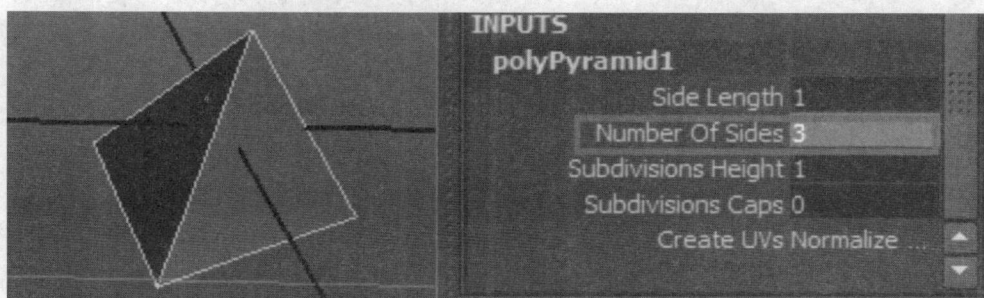

图 4. 49

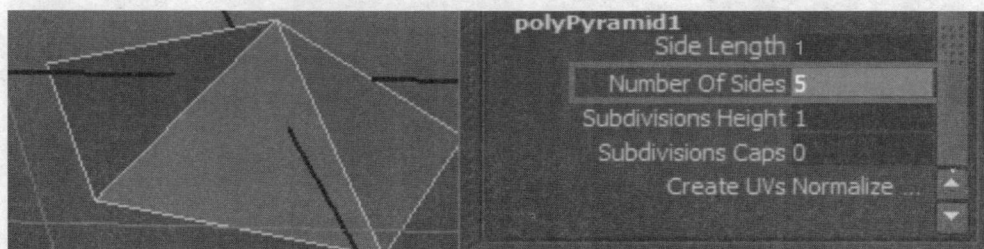

图 4. 50

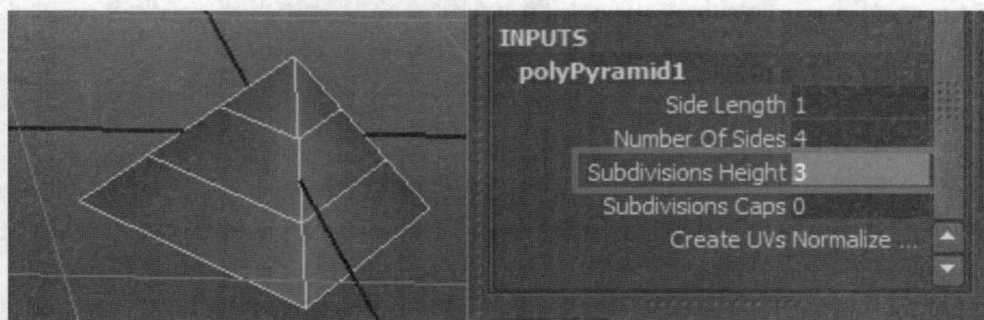

图 4. 51

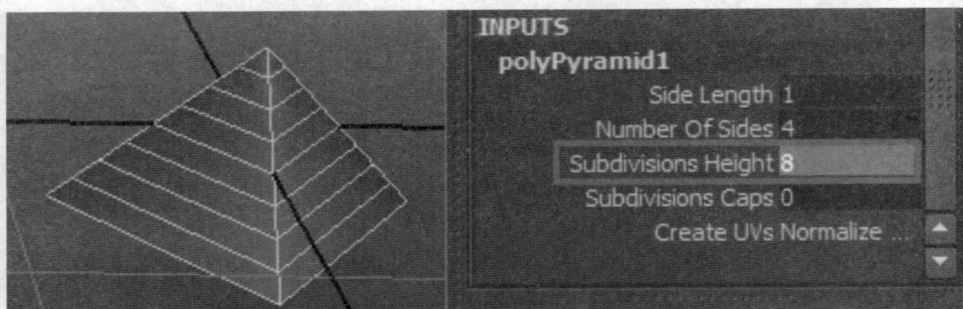

图 4.52

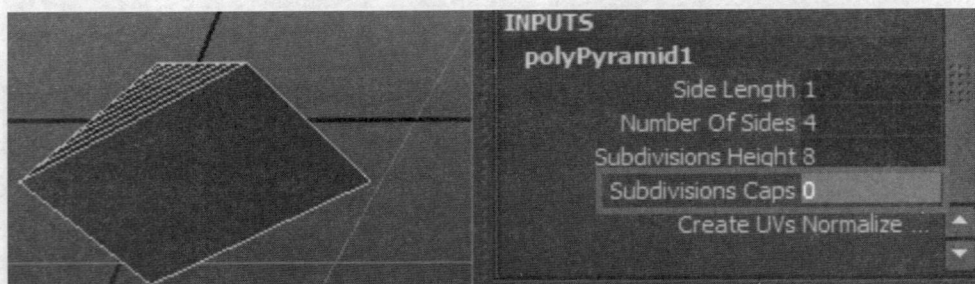

图 4.53

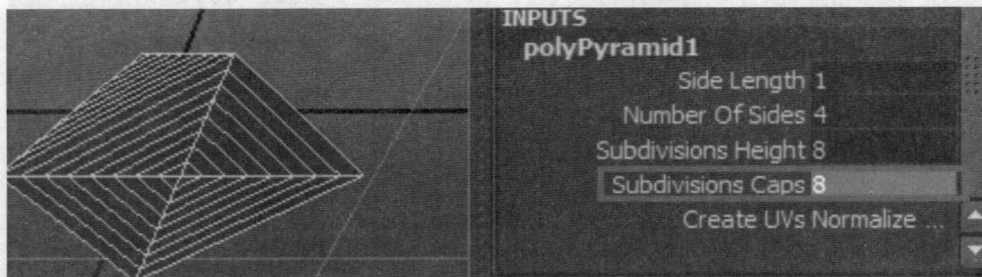

图 4.54

4.1.9　Pipe（管状体）

单击 Create – Polygon Primitives – Pipe – □ （创建—多边形基本几何体—管状体—小正方形），打开选项窗口。

Radius/Height（半径/高度）：设定创建出来的管状体的半径大小/高度（效果如图 4.55、图 4.56 所示）。

Thickness（厚度）：设定创建出来的管状体的内壁厚度（效果如图 4.57、图 4.58 所示）。

Subdivisions Axis（细分旋转轴）：对创建出来的管状体的旋转轴细分段数（效果如图 4.59、图 4.60 所示）。

Subdivisions Height（细分高度）：对创建出来的管状体的高度细分段数（效果如图 4.61、图 4.62所示）。

Subdivisions Caps（细分顶部）：对创建出来的管状体的顶部细分段数（效果如图4.63、图4.64所示）。

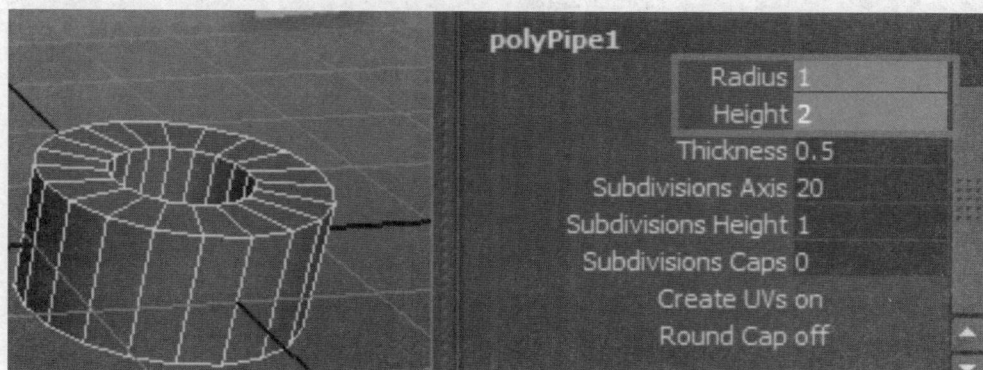

图4.55

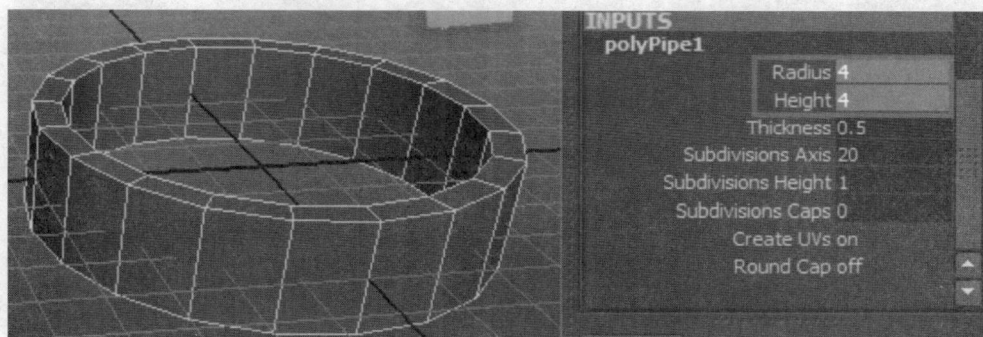

图4.56

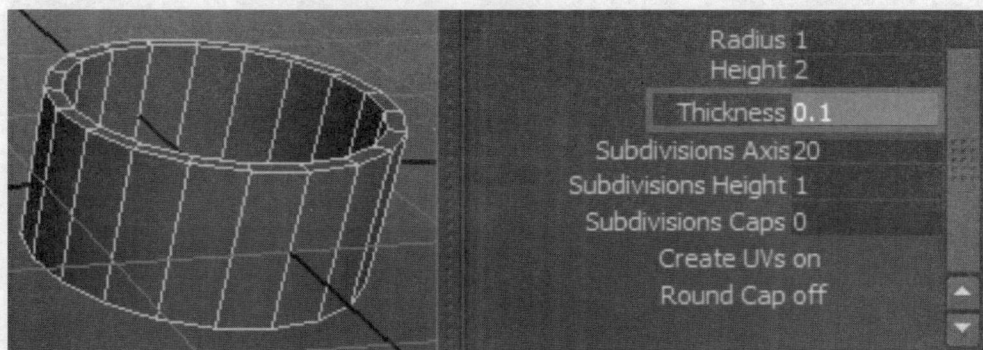

图4.57

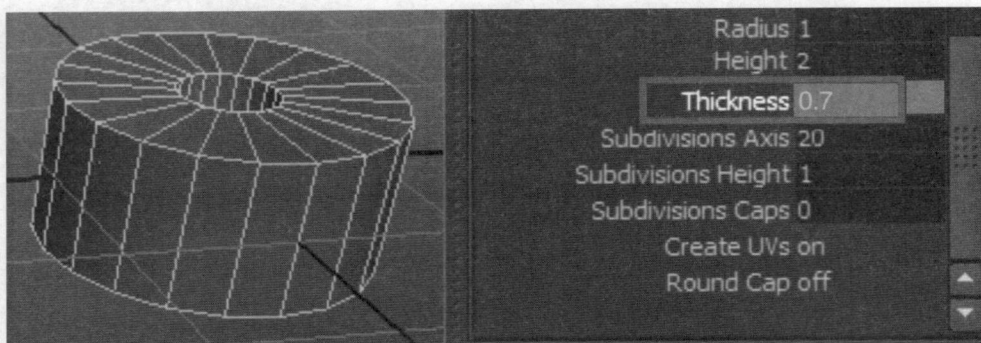

图 4. 58

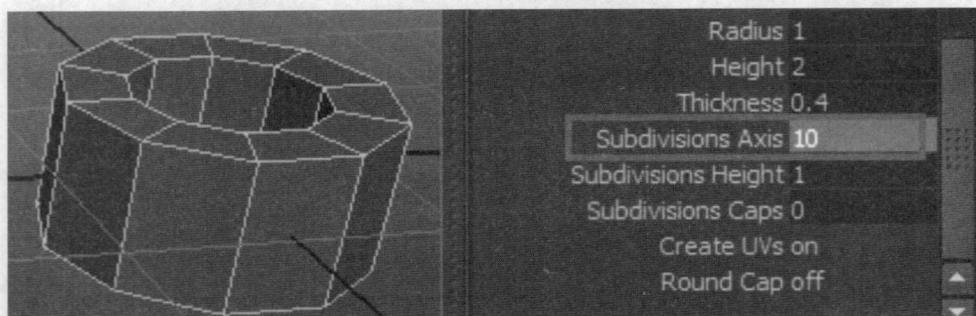

图 4. 59

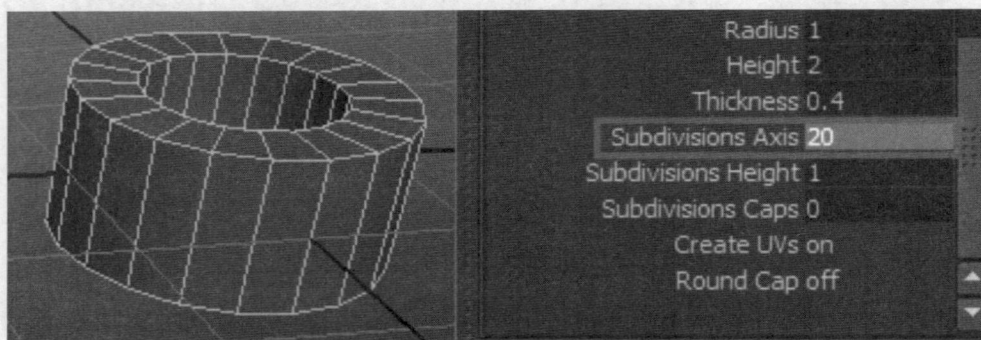

图 4. 60

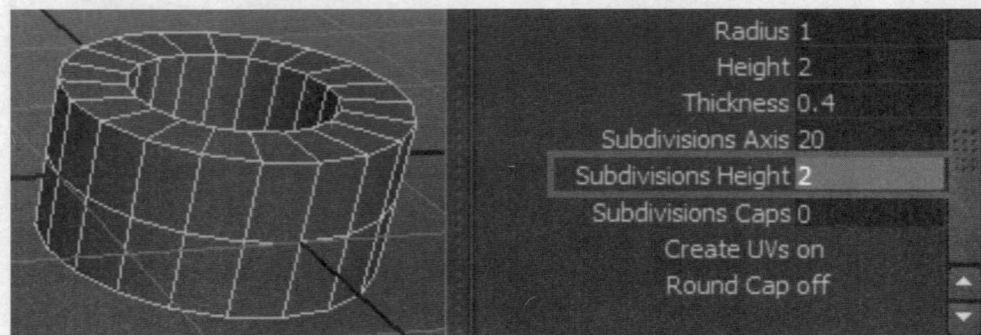

图 4. 61

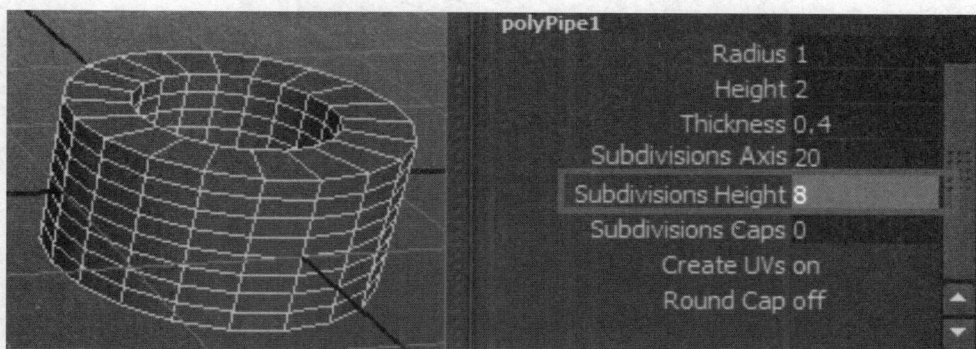

图 4.62

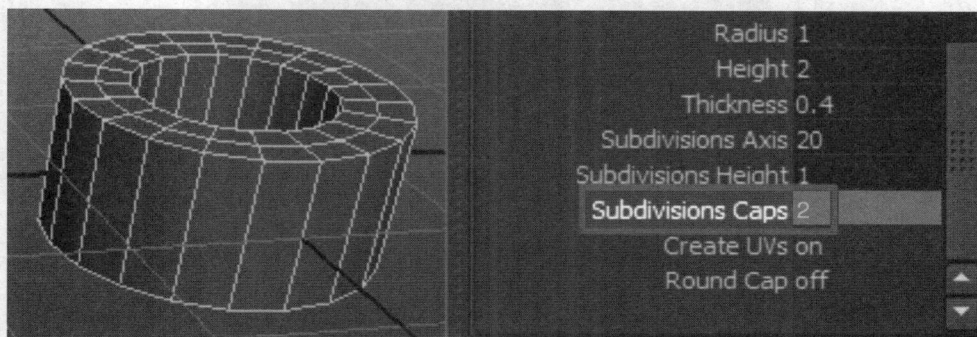

图 4.63

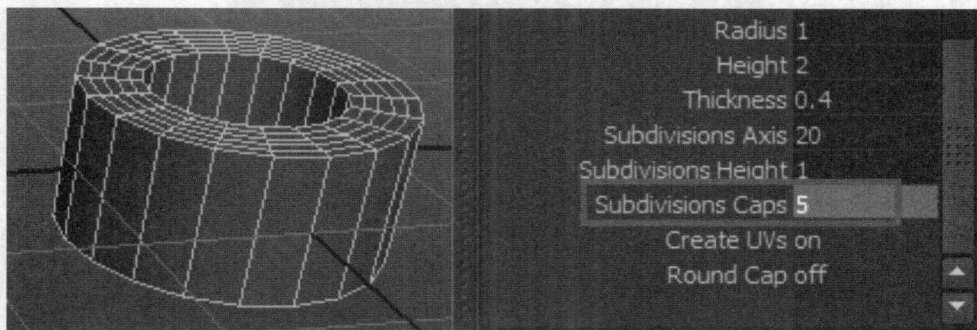

图 4.64

4. 2 Lights（灯光）

4.2.1 Ambient Light（环境光）

单击 Create – Lights – Ambient Light – ☐ （创建—灯光—环境光—小正方形），打开选项窗口，如图 4. 65 所示。

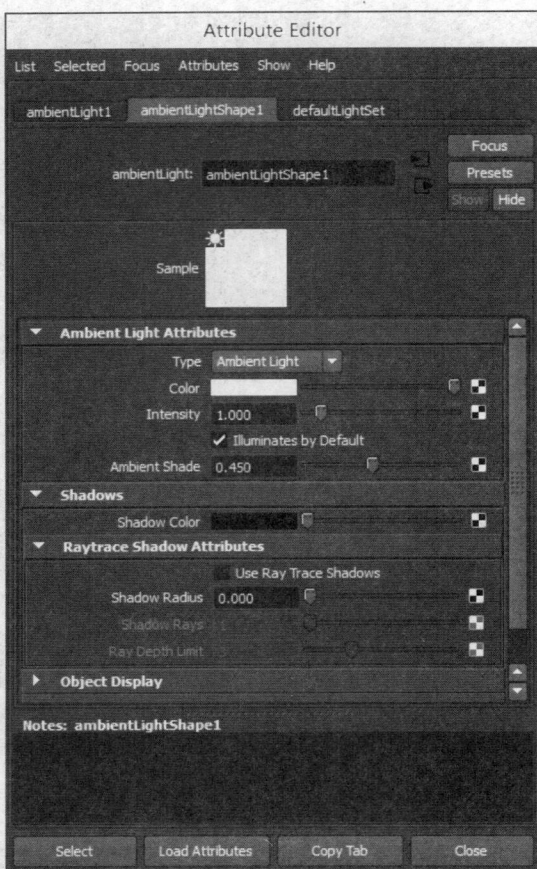

图 4. 65

Intensity（强度）：设定灯光的照明的强度，数值越大，灯光越亮，数值越小，灯光越暗。

Color（颜色）：设定灯光的颜色，双击颜色条对灯光的颜色进行修改。

Shadows（阴影）：控制灯光是否投射出阴影，默认状态时是关闭的。因为环境光没有 Depth Map Shadows（深度贴图阴影），只有 Ray Trace Shadows（光线追踪阴影），所以打开 Shadows（阴影）后，勾选 Use Ray Trace Shadows（使用光线追踪阴影）就会出现阴影。

Shadow Color（阴影颜色）：设置阴影的颜色，单击色块即可修改阴影颜色。

Shadow Rays（阴影光线）：调整阴影边缘的颗粒度。

4. 2. 2　Directional Light（平行光）

单击 Create – Lights – Directional Light – ☐（创建—灯光—平行光—小正方形），打开选项窗口，如图 4. 66 所示。

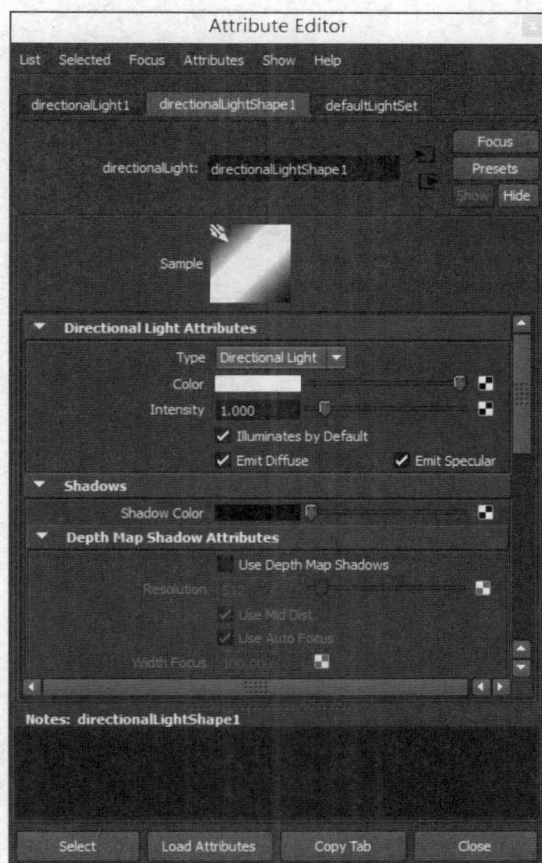

图 4.66

Intensity（强度）：设定灯光的照明的强度，数值越大，灯光越亮，数值越小，灯光越暗。

Color（颜色）：设定灯光的颜色，双击颜色条对灯光的颜色进行修改。

Shadows（阴影）：控制灯光是否投射出阴影，默认状态时是关闭的。打开 Shadows（阴影）后，勾选 Use Depth Map Shadows（使用深度贴图阴影）就会出现阴影。

Shadow Color（阴影颜色）：设置阴影的颜色，单击色块即可修改阴影颜色。

4.2.3　Point Light（点光源）

单击 Create – Lights – Point Light – □ （创建—灯光—点光源—小正方形），打开选项窗口，如图 4.67 所示。

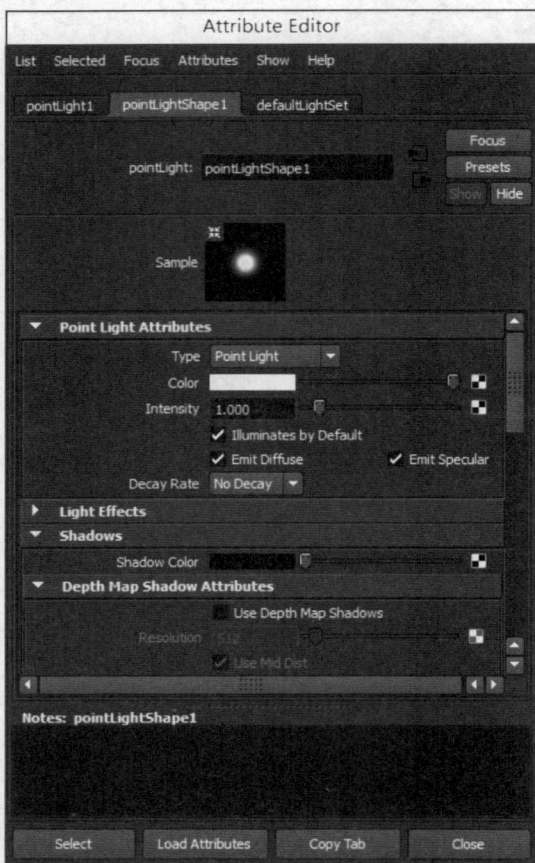

图 4. 67

Intensity（强度）：设定灯光的照明的强度，数值越大，灯光越亮，数值越小，灯光越暗。

Color（颜色）：设定灯光的颜色，双击颜色条对灯光的颜色进行修改。

Decay Rate（衰减率）：Linear（线性衰减）、Quadratic（平方衰减）、Cubic（立方衰减）。

Shadows（阴影）：控制灯光是否投射出阴影，默认状态时是关闭的。打开 Shadows（阴影）后，勾选 Use Depth Map Shadows（使用深度贴图阴影）或者 Use Ray Trace Shadows（使用光线追踪阴影）就会出现阴影。

Shadow Color（阴影颜色）：设置阴影的颜色，单击色块即可修改阴影颜色。

4.2.4　Spot Light（聚光灯）

单击 Create – Lights – Spot Light – ▣ （创建—灯光—聚光灯—小正方形），打开选项窗口，如图 4.68 所示。

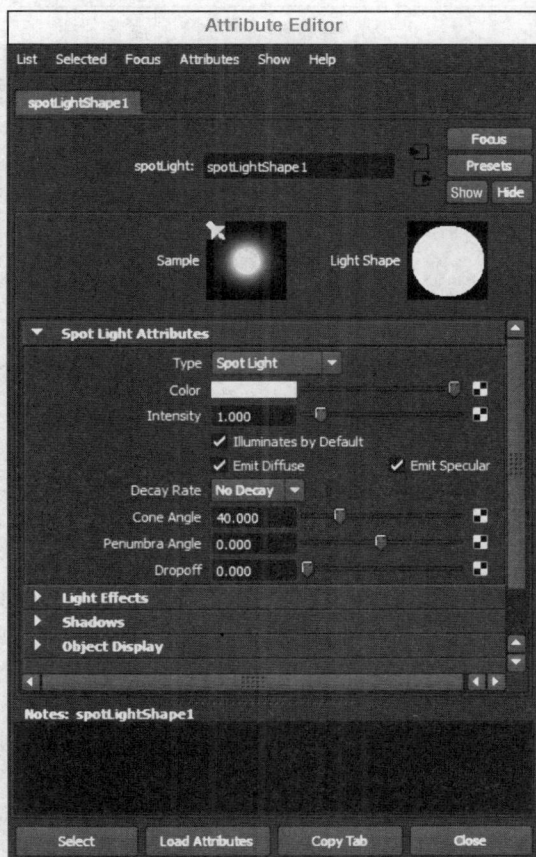

图 4.68

Intensity（强度）：设定灯光的照明的强度，数值越大，灯光越亮，数值越小，灯光越暗。

Color（颜色）：设定灯光的颜色，双击颜色条对灯光的颜色进行修改。

Decay Rate（衰减率）：Linear（线性衰减）、Quadratic（平方衰减）、Cubic（立方衰减）。

Cone Angle（锥角）：设定聚光灯的照射范围。最小值为 0.5，最大值为 179.5。

Penumbra Angle（半影角）：设定聚光灯投射的光线圆锥边缘的羽化值。最小值为 – 179.5，最大值为 179.5。

Shadows（阴影）：控制灯光是否投射出阴影，默认状态时时关闭的。打开 Shadows（阴影）后，勾选 Use Depth Map Shadows（使用深度贴图阴影）或者 Use Ray Trace Shadows（使用光线追踪阴影）就会出现阴影。

Shadow Color（阴影颜色）：设置阴影的颜色，单击色块即可修改阴影颜色。

4.2.5　Area Light（区域光）

单击 Create – Lights – Area Light – ■（创建—灯光—区域光—小正方形），打开选项窗口，如图 4.69 所示。

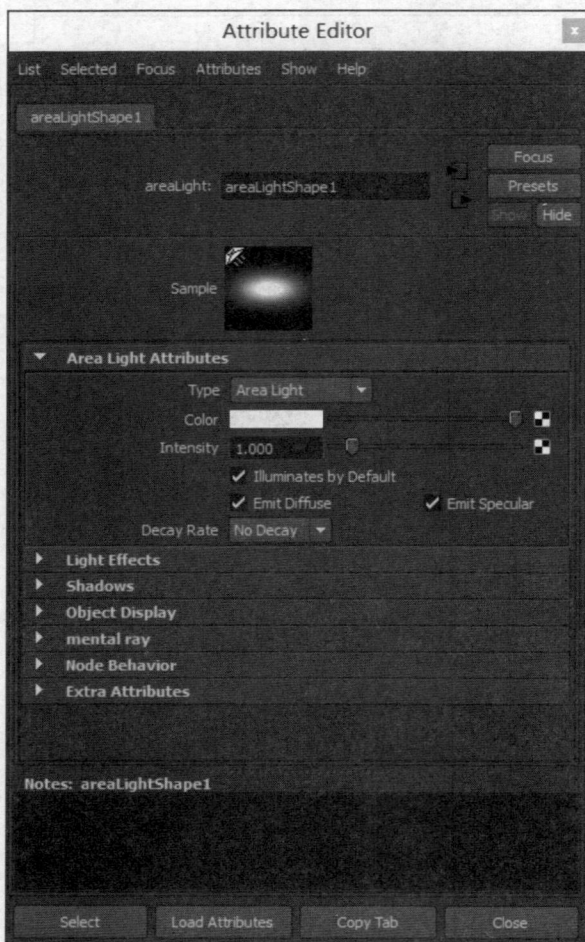

图 4. 69

Intensity（强度）：设定灯光的照明的强度，数值越大，灯光越亮，数值越小，灯光越暗。

Color（颜色）：设定灯光的颜色，双击颜色条对灯光的颜色进行修改。

Decay Rate（衰减率）：Linear（线性衰减）、Quadratic（平方衰减）、Cubic（立方衰减）。

Shadows（阴影）：控制灯光是否投射出阴影，默认状态时是关闭的。打开 Shadows（阴影）后，勾选 Use Depth Map Shadows（使用深度贴图阴影）或者 Use Ray Trace Shadows（使用光线追踪阴影）就会出现阴影。

Shadow Color（阴影颜色）：设置阴影的颜色，单击色块即可修改阴影颜色。

4. 2. 6　Volume Light（体积光）

单击 Create – Lights – Volume Light – ▢ （创建—灯光—体积光—小正方形），打开选项窗口，如图 4. 70 所示。

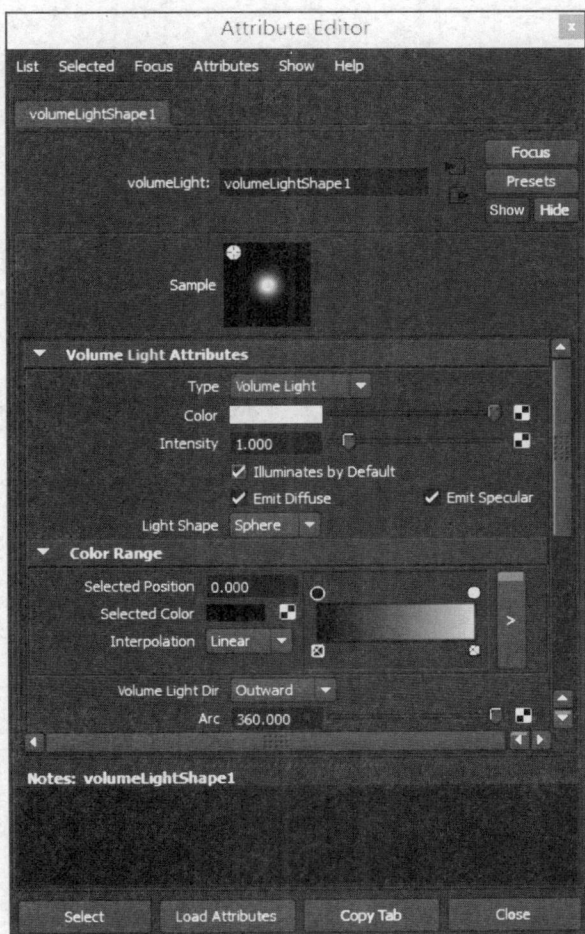

图 4.70

Intensity（强度）：设定灯光的照明的强度，数值越大，灯光越亮，数值越小，灯光越暗。

Color（颜色）：设定灯光的颜色，双击颜色条对灯光的颜色进行修改。

Shadows（阴影）：控制灯光是否投射出阴影，默认状态时是关闭的。打开 Shadows（阴影）后，勾选 Use Depth Map Shadows（使用深度贴图阴影）或者 Use Ray Trace Shadows（使用光线追踪阴影）就会出现阴影。

Shadow Color（阴影颜色）：设置阴影的颜色，单击色块即可修改阴影颜色。

4.3 Cameras（摄像机）

单击 Create – Cameras – Camera – ▫ （创建—摄像机—摄像机—小正方形），打开选项窗口，如图 4.71 所示。

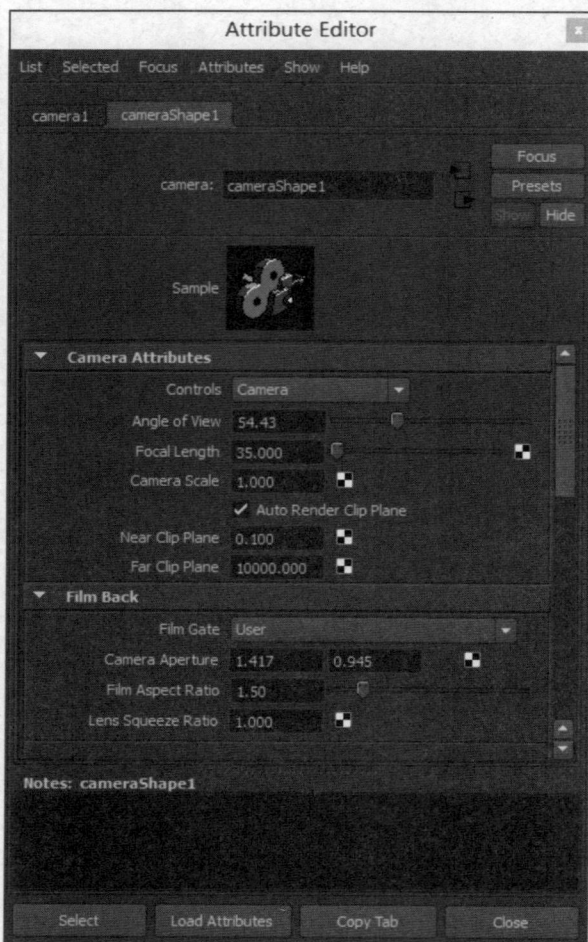

图 4. 71

4.3.1 Lens Properties (镜头属性)

1. Focal Length (焦距)：摄像机的距离以毫米为单位，增加焦距值，可以伸长摄像机的镜头，增大场景中对象的显示；减少焦距值，可以缩短摄像机的镜头，减小场景中对象的显示。

2. Camera Scale (摄像机缩放)：可以设定摄像机相对于整个场景的大小，将影响有效焦距。

4.3.2 Orthographic Views (正交视图)

1. Orthographic (正交)：如果勾选选项，则创建正交摄像机，如果取消勾选，则创建透视摄像机。

2. Orthographic Width (正交宽度)：设置摄像机的显示宽度。

4. 4　Text（文本）

通过文字工具可以制作四种文字效果，分别为 NURBS 曲线（如图 4.72 所示）、NURBS 曲面（如图 4.73 所示）、多边形曲面（如图 4.74 所示）和多边形倒角（如图 4.75 所示）。

图 4. 72

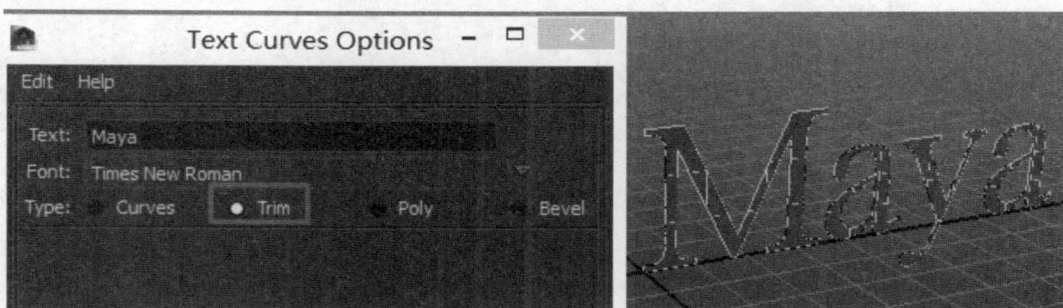

图 4. 73

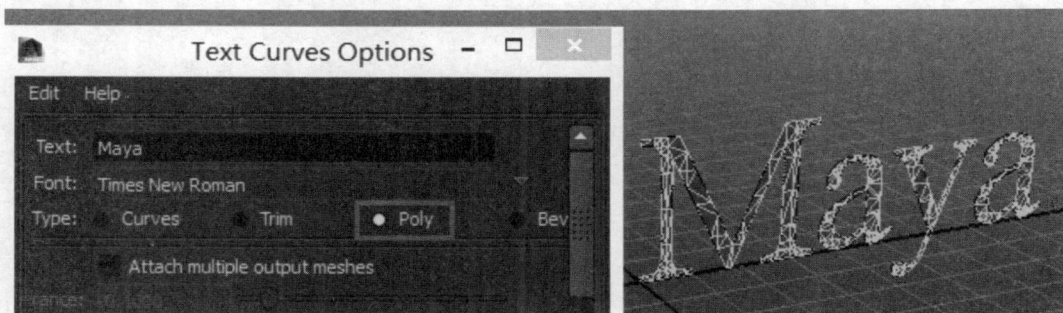

图 4. 74

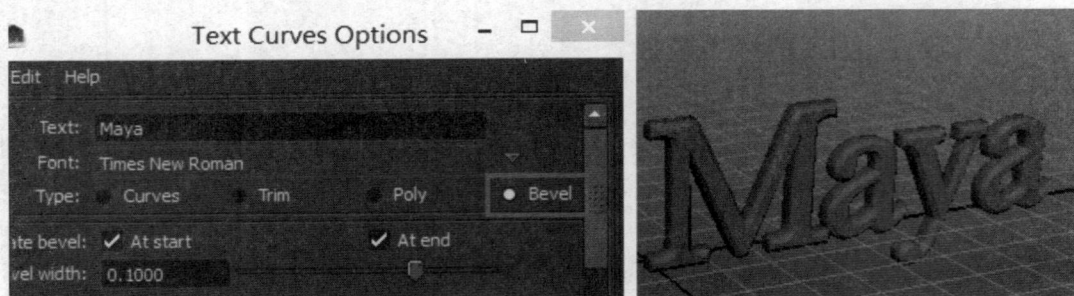

图 4.75

单击 Create - Text - □（创建—文本—小正方形），在 Text 文本框中输入文字内容，点击 Font 右侧的倒三角即可以选择字体、字形和大小，点击 Type 选择文字类型，然后单击 Apply 按钮，最后创建文本。

5 Mesh（网格）菜单

5.1 Combine（合并）

把选中的两个或两个以上的多边形合并为单独的一个多边形，合并后模型能整体操作，但模型的布线不发生改变（效果如图5.1、图5.2所示）。

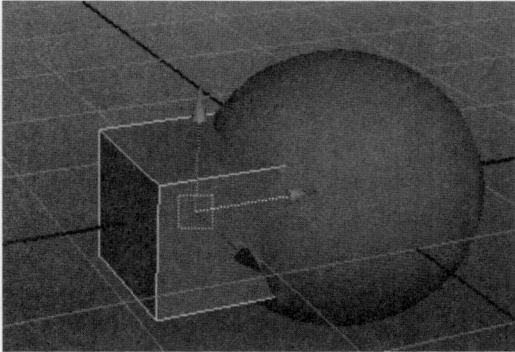

图5.1

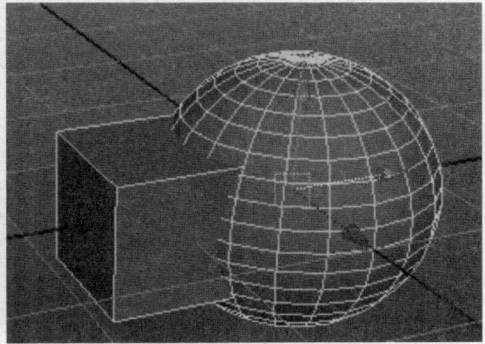

图5.2

同时选中两个或者两个以上多边形，然后点击命令即可。

在 Polygons 模块下单击 Mesh，然后点击 Combine 即可。

5.2 Separate（分离）

把用 Combine 命令结合的多边形分离为多个单独的多边形（效果如图5.3、图5.4所示）。

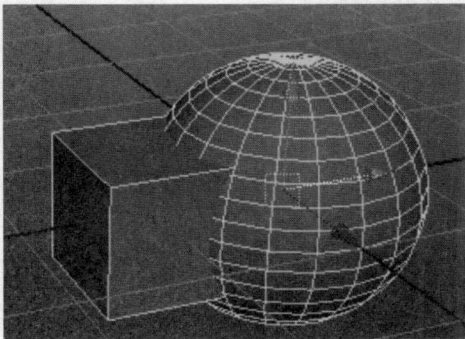

图5.3

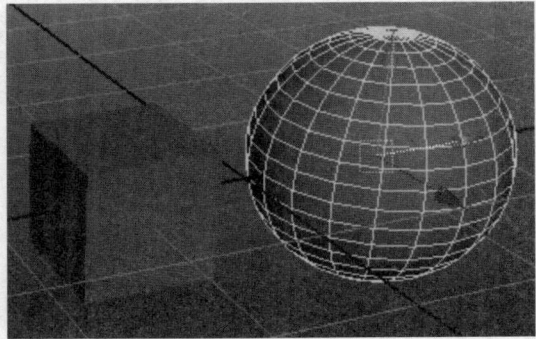

图5.4

选中合并后的多边形，然后点击命令即可。

在 Polygons 模块下单击 Mesh，然后点击 Separate 即可。

5.3 Extract（提取）

选中多边形一个或者多个面，然后把它们提取出来（效果如图 5.5、图 5.6 所示）。

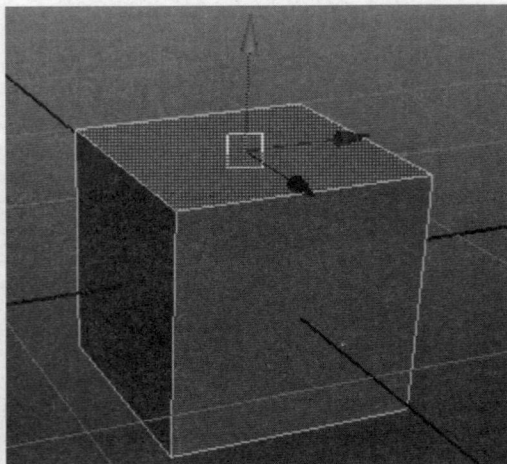

图 5.5

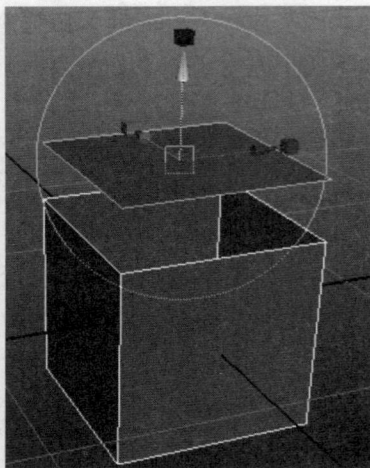

图 5.6

选中多边形一个或者多个面，然后点击命令即可。

在 Polygons 模块下单击 Mesh，然后点击 Extract 即可。

5.4 Booleans（布尔运算）

布尔运算是利用两个多边形物体进行合并或分割，从而产生新的多边形物体。布尔运算有三种形式，分别为 Union（并集）、Difference（差集）与 Intersection（交集）。

同时选中两个或者两个以上多边形，然后点击命令即可。

在 Polygons 模块下单击 Mesh，然后点击 Booleans 即可。

5.4.1 Union（并集）

把两个多边形相交的位置合并，原多边形交互的地方被删除，形成一个单独的多边形（效果如图 5.7 所示）。

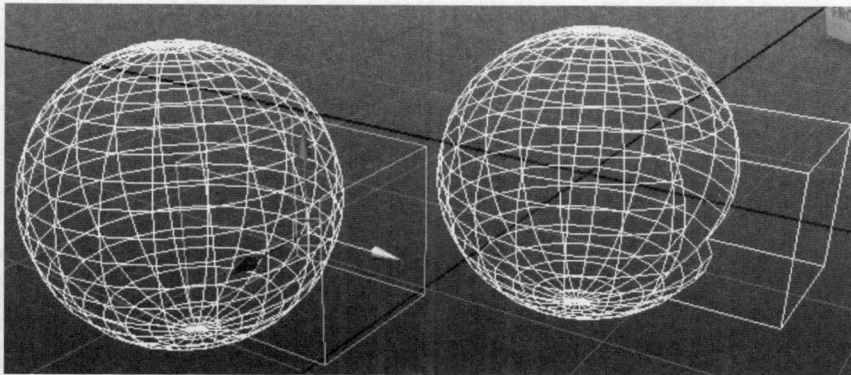

图5.7

5.4.2 Difference（差集）

把两个相交的多边形中的一个多边形和相交的地方删除掉（效果如图5.8所示）。

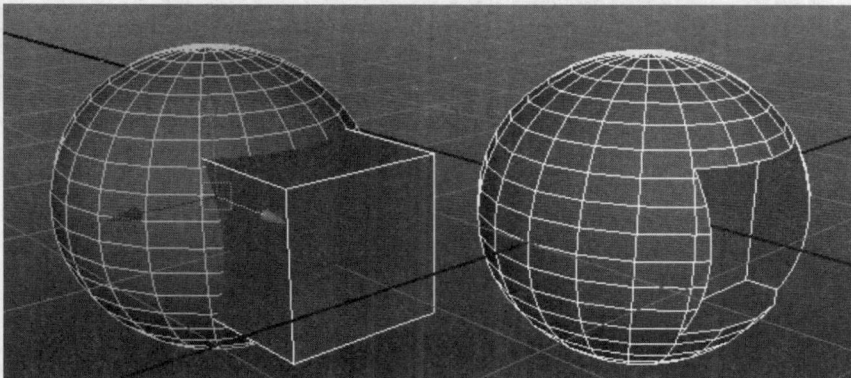

图5.8

5.4.3 Intersection（交集）

把两个多边形相交的位置保留下来（效果如图5.9所示）。

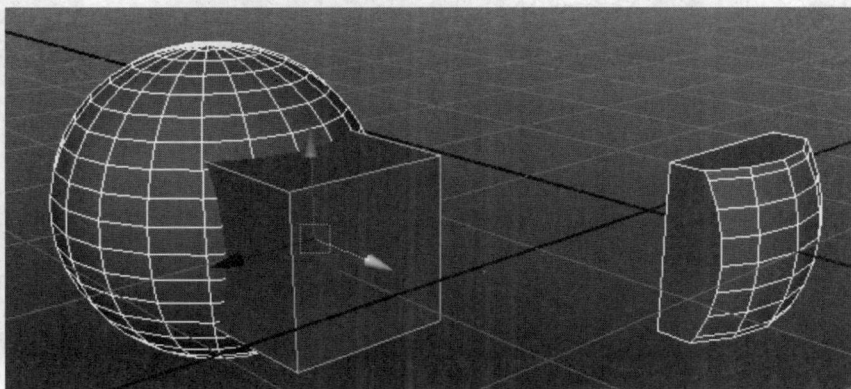

图5.9

▌5.5 Smooth（平滑）

把选中的多边形进行细分（可以理解为增加多边形的段数）。该命令可以在点、线、面、物体四个模式中进行操作（效果如图 5.10 所示）。

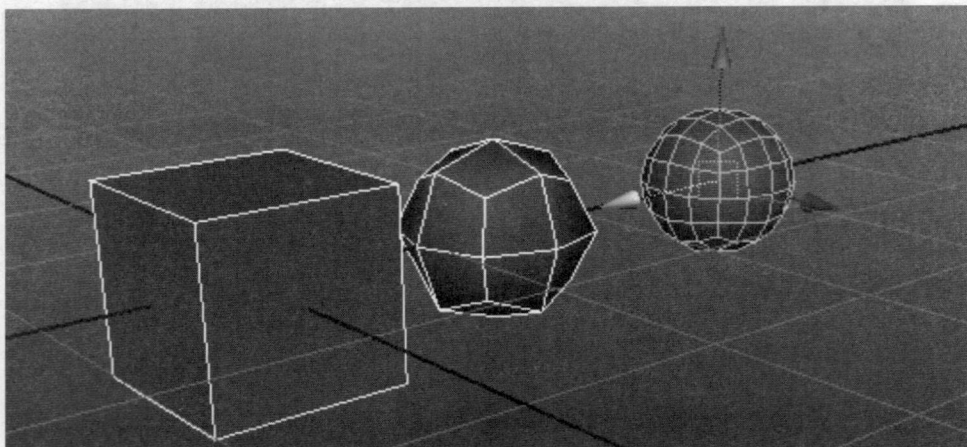

图 5.10

选中一个或者多个多边形，然后点击命令即可。
在 Polygons 模块下单击 Mesh，然后点击 Smooth 即可。

▌5.6 Fill Hole（补洞）

对多边形上三条或者三条以上的循环边组成的洞进行填充（效果如图 5.11 所示）。

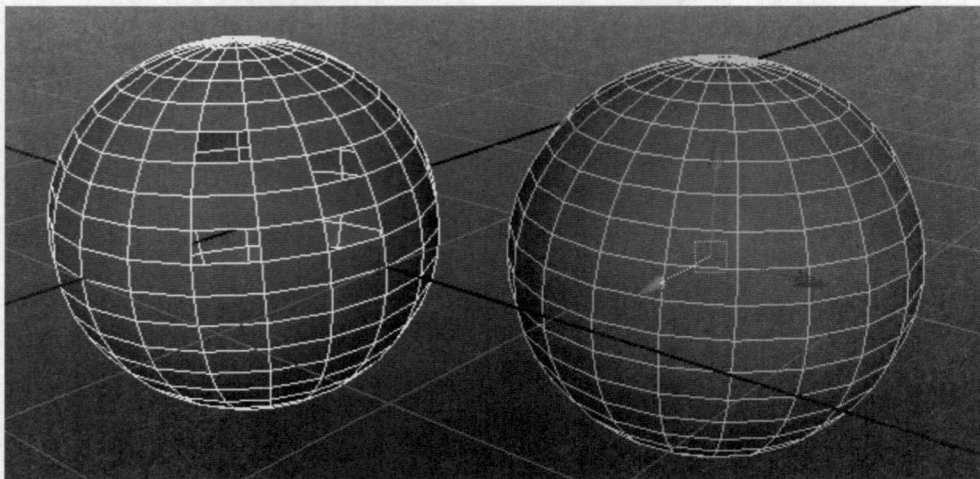

图 5.11

选中洞上的循环边，然后点击命令即可。

在 Polygons 模块下单击 Mesh，然后点击 Fill Hole 即可。

▌ 5. 7 Create Polygon Tool（创建多边形工具）

创建任意的多边形，但创建出来的多边形会出现多边面（效果如图 5.12、图 5.13 所示）。

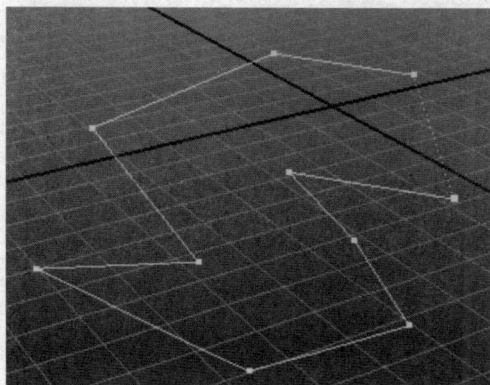

图 5.12

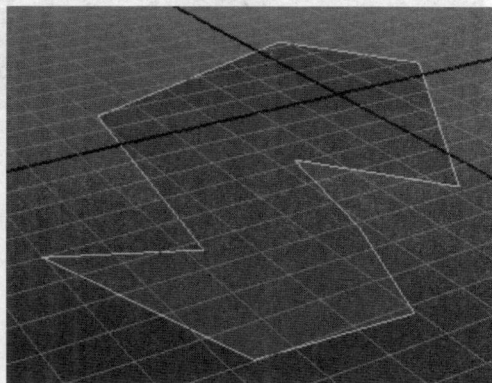

图 5.13

点击命令后在工作区域上绘制所需要的多边形。

在 Polygons 模块下单击 Mesh，然后点击 Create Polygon Tool 即可。

▌ 5. 8 Sculpt Geometry Tool（雕刻几何体工具）

对选中的多边形进行绘制，多边形的段数会影响到雕刻的效果（效果如图 5.14、图 5.15 所示）。

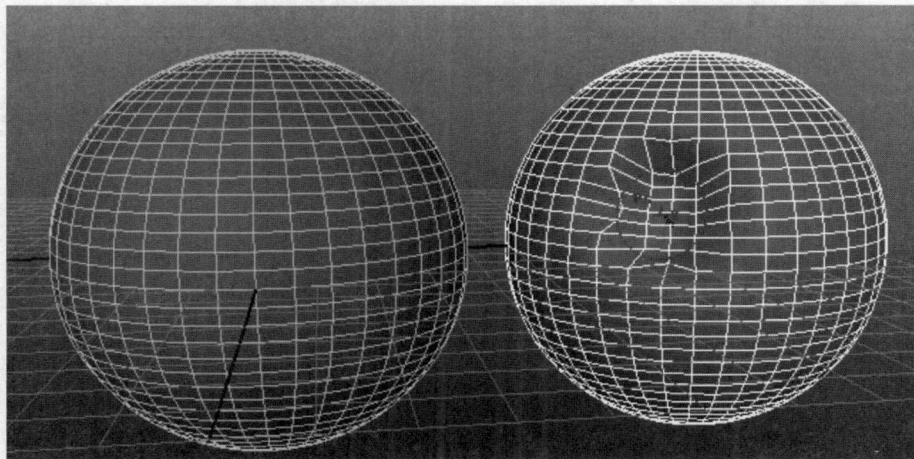

图 5.14

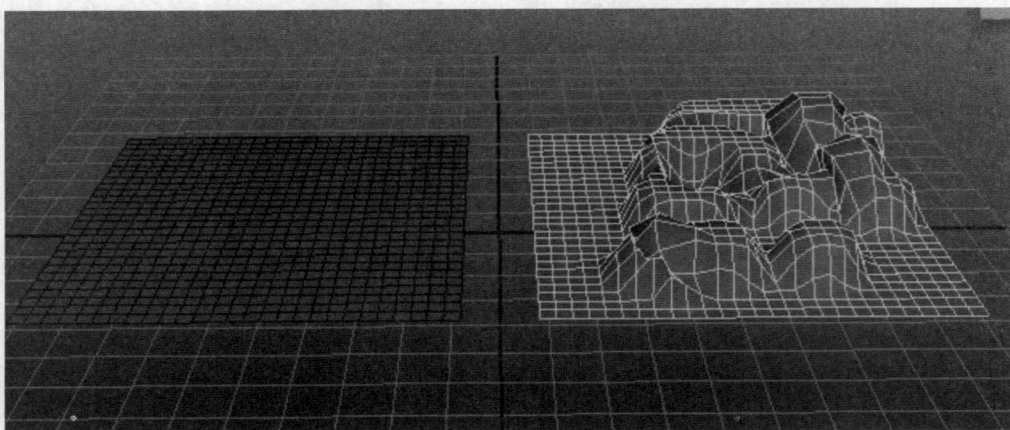

图 5.15

选中多边形后点击命令，然后对模型进行雕刻。

在 Polygons 模块下单击 Mesh，然后点击 Sculpt Geometry Tool 即可。

6 Edit Mesh（编辑网格）菜单

6.1 Keep Faces Together（保持面合并）

保持新生成的点、线、面的一致性。例如：使用挤出命令挤出多个面的时候，每个面所产生的效果和方向都会有变化（效果如图6.1所示）。

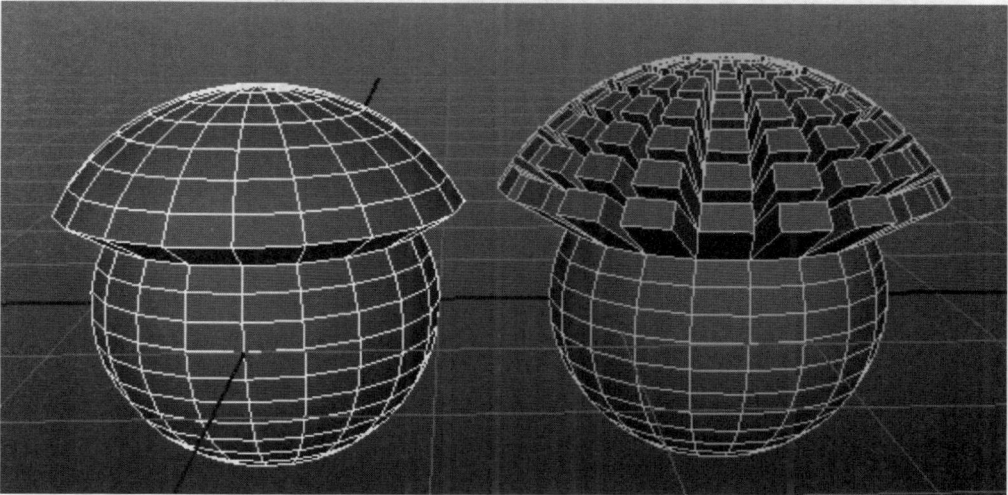

图6.1

在 Polygons 模块下单击 Edit Mesh，然后点击 Keep Faces Together 即可。

6.2 Extrude（挤出）

把选中的点、线、面向一个方向挤出。
选择要挤出的点、线、面，点击 Extrude 执行。
在 Polygons 模块下单击 Edit Mesh，然后点击 Extrude 即可。
点击后方小正方形属性：Divisions（细分，如图6.2）/Offset（偏移，如图6.3）/Taper（锥化，如图6.4）/Twist（扭曲，如图6.5）。

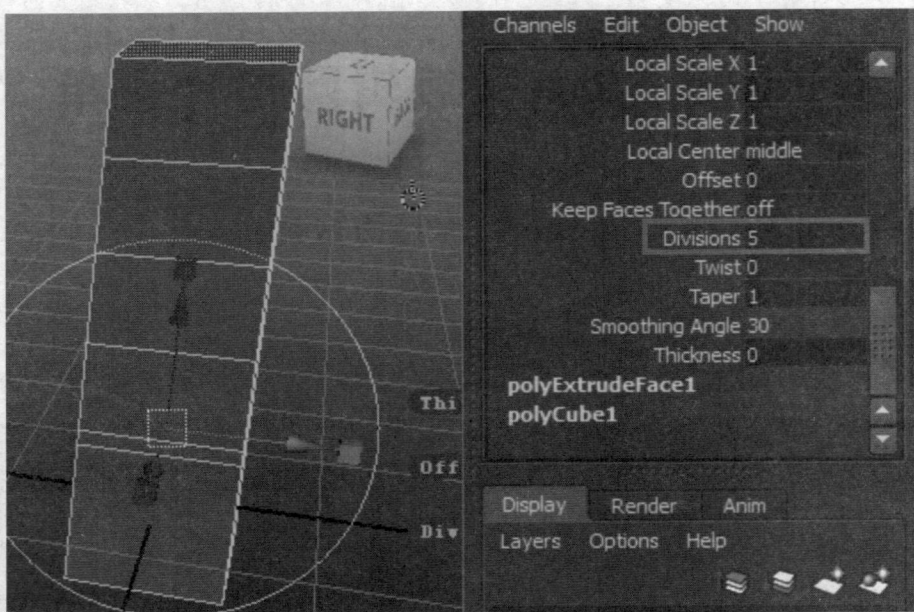

图6.2

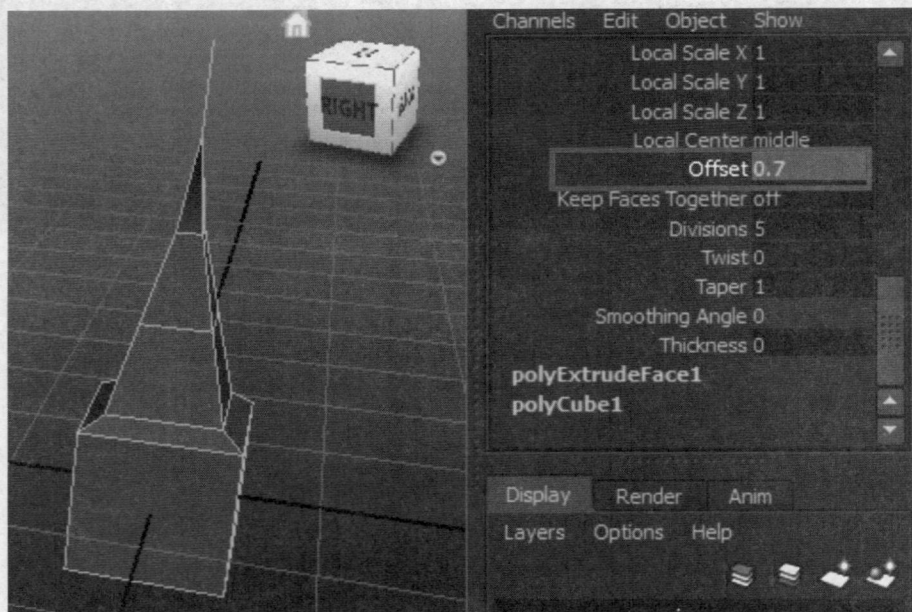

图6.3

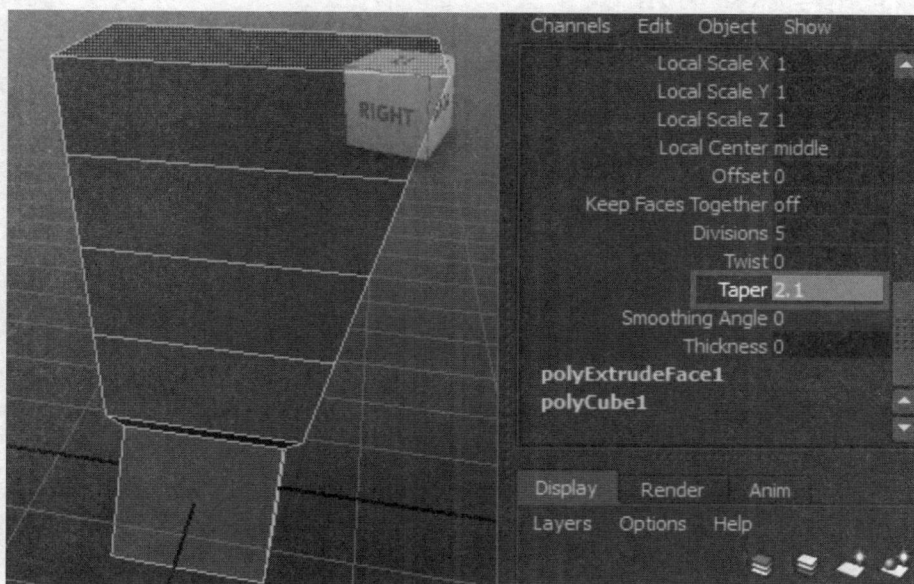

图 6.4

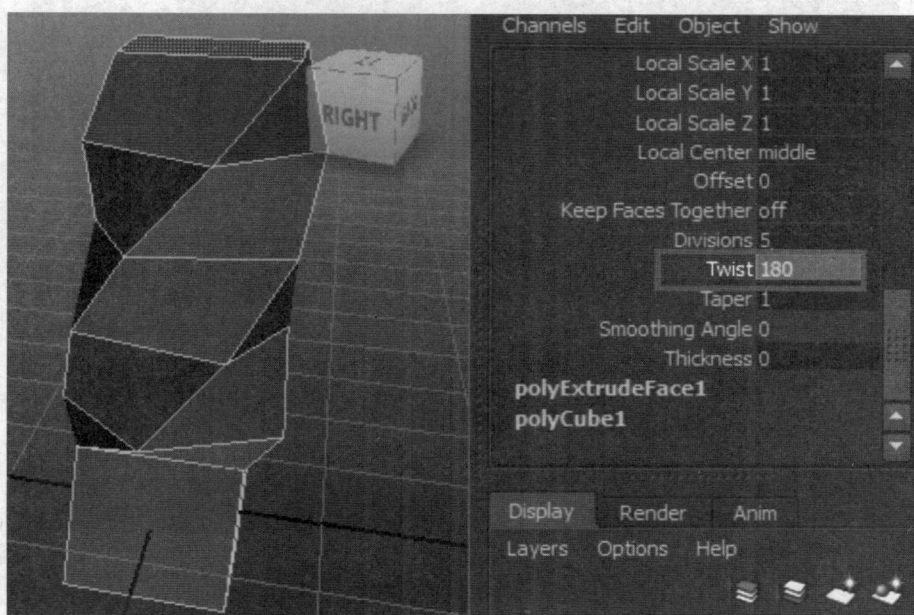

图 6.5

挤出命令同时可以配合曲线进行运用。首先创建一条曲线，然后创建一个多边形，选择多边形其中的一个面再加选曲线，最后点击挤出命令，调整挤出的段数就能得到图6.6至图6.10的效果。

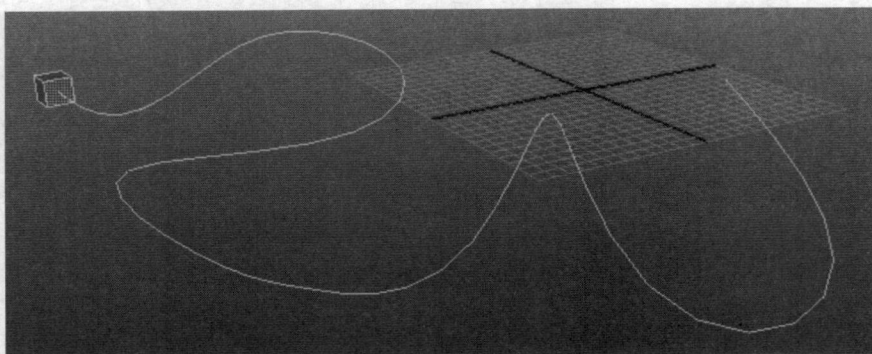
图 6. 6

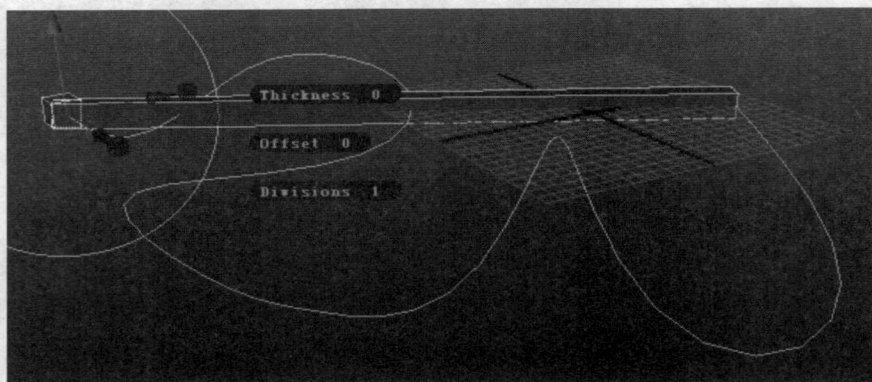
图 6. 7

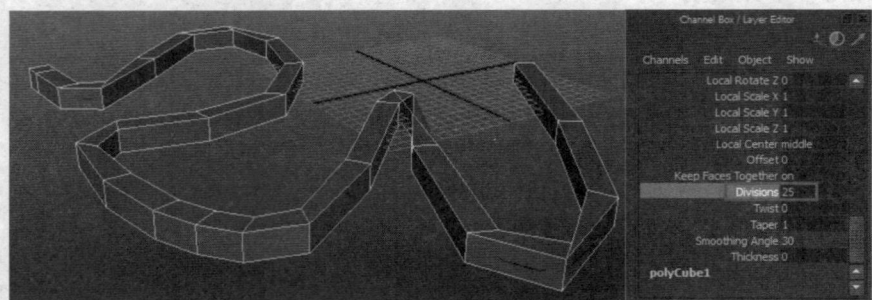
图 6. 8

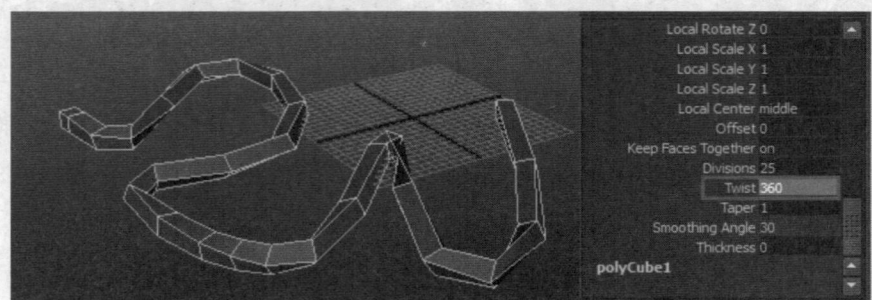
图 6. 9

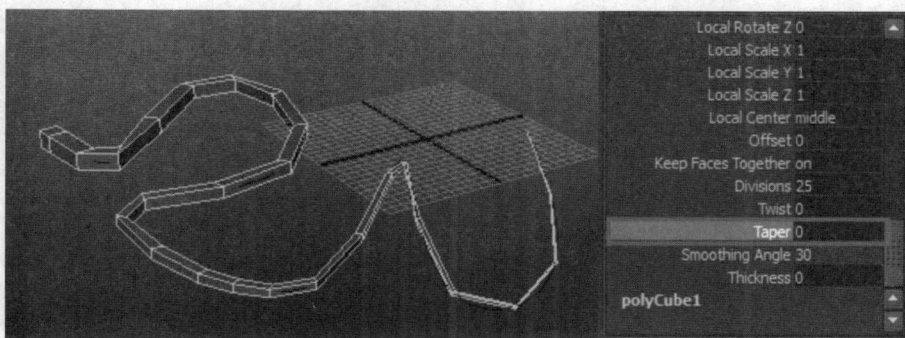

图 6.10

6.3 Bridge (桥接)

对同一个多边形的两个有距离的面进行结合，中间距离部分会生成新的多边形网格（效果如图 6.11 至图 6.14 所示）。

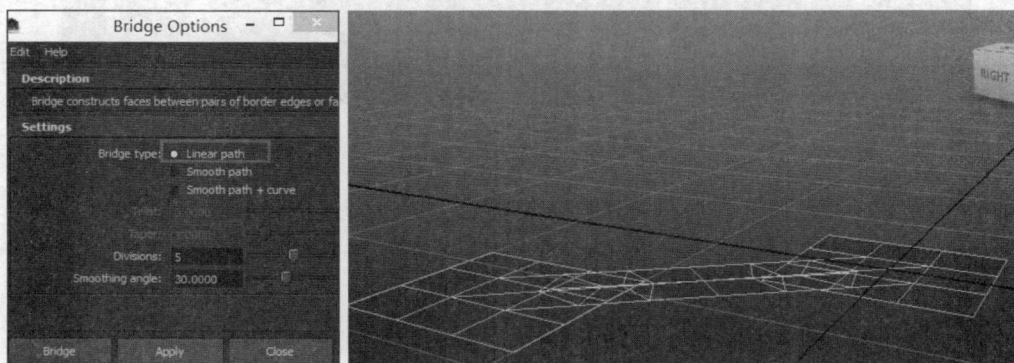

图 6.11

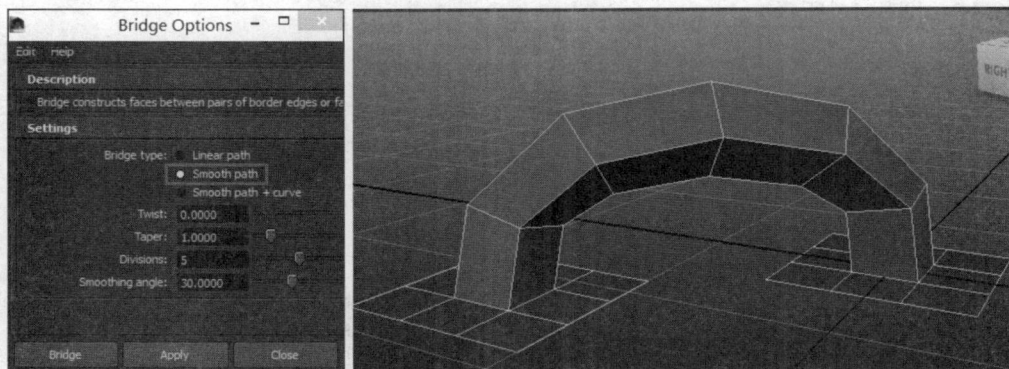

图 6.12

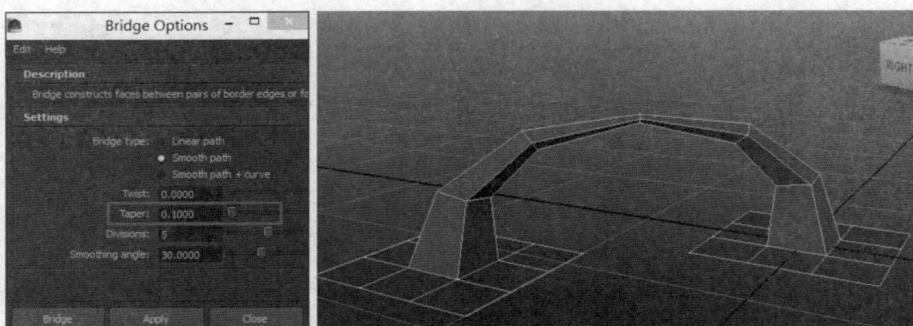

图 6.13

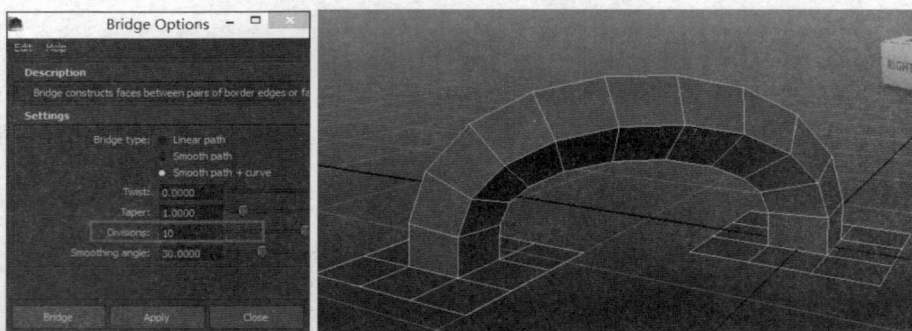

图 6.14

点击命令执行（注意检查模型是否结合，否则无法执行命令）。

在 Polygons 模块下单击 Edit Mesh，然后点击 Bridge 即可（桥接的两个物体需要先进行结合）。

6. 4　Append to Polygon Tool（添加到多边形工具）

从现有的多边形向外追加新多边形，它以当前多边形的边界边作为向外追加的起始边（效果如图 6.15、图 6.16 所示）。

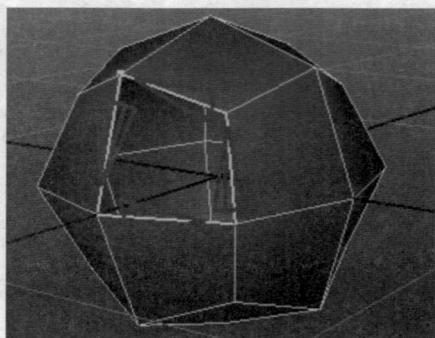

图 6.15

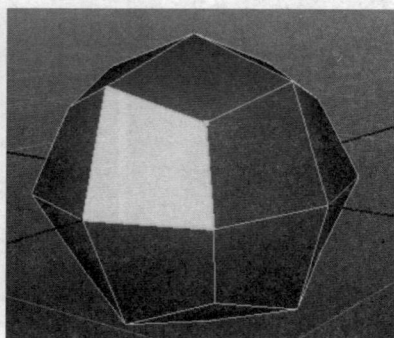

图 6.16

在 Polygons 模块下单击 Edit Mesh，然后点击 Append to Polygon Tool 即可。

6.5 Cut Faces Tool（切面工具）

在网格上指定分割位置，可将多边形网格上的一个或者多个面分割为更多个面（效果如图6.17 至图6.19 所示）。

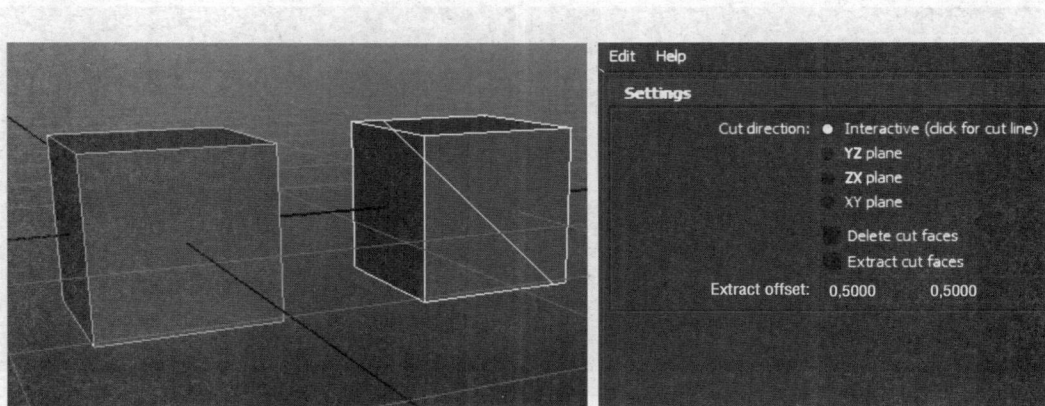

图 6.17

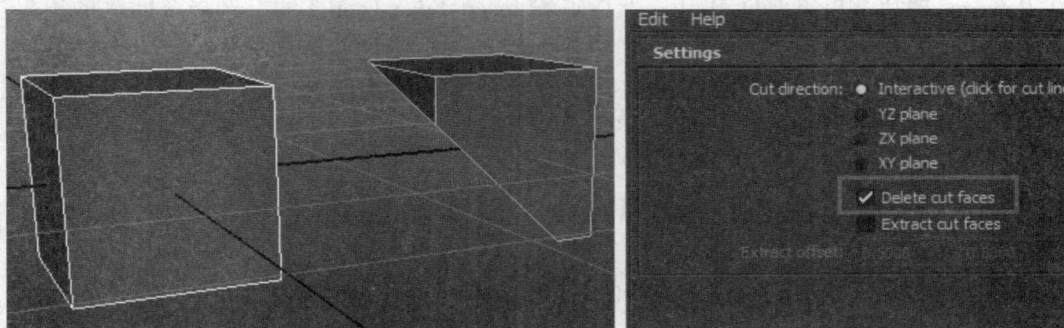

图 6.18

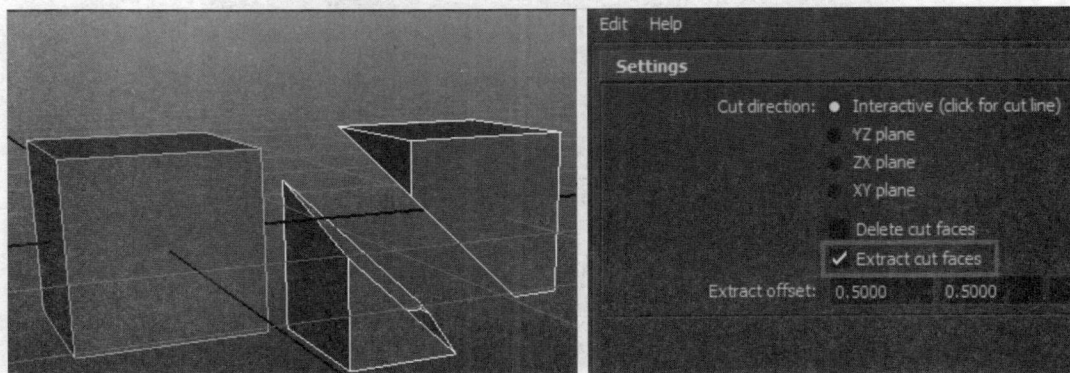

图 6.19

在 Polygons 模块下单击 Edit Mesh，然后点击 Cut Faces Tool 即可。

6.6 Insert Edge Loop Tool（插入循环边工具）

在多边形上找到一个循环的面，在这个循环的面上添加一条循环线（效果如图6.20所示）。

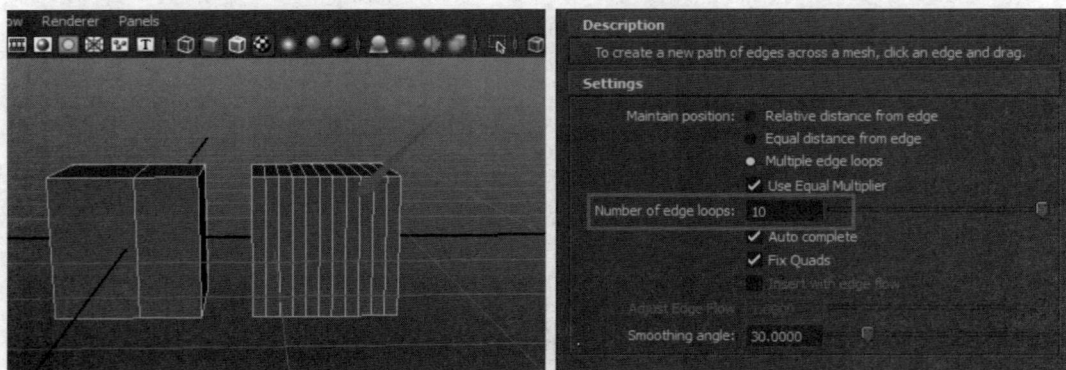

图6.20

在 Polygons 模块下单击 Edit Mesh，然后点击 Insert Edge Loop Tool，选择要插入的边界进行操作。

单击命令以后，在一条边上点击拖拽，当线条到了合适的位置后松开鼠标即可，如果想取消插入循环线状态，可点击键盘上的"Q"键进行取消。

6.7 Offset Edge Loop Tool（偏移循环边工具）

在多边形上选择一条边，在这条边的两侧分别添加一条平行的线（效果如图6.21所示）。

图6.21

在 Polygons 模块下单击 Edit Mesh，然后点击 Offset Edge Loop Tool，选择要插入的边界进行操作。

单击命令以后，在一条边上点击拖拽，当线条到了合适的位置后松开鼠标即可，如果想取消插入循环线状态，可点击键盘上的"Q"键进行取消。

6.8 Slide Edge Tool（滑边工具）

选中多边形的边沿着多边形的面来移动，但移动线的同时不改变面的方向（效果如图6.22所示）。

图6.22

在 Polygons 模块下单击 Edit Mesh，然后点击 Slide Edge Tool，选择要移动的边界，用鼠标中键调整移动。

6.9 Transform Component（变换组件）

对多边形的点、线、面进行移动、旋转、缩放的变换（效果如图6.23所示）。

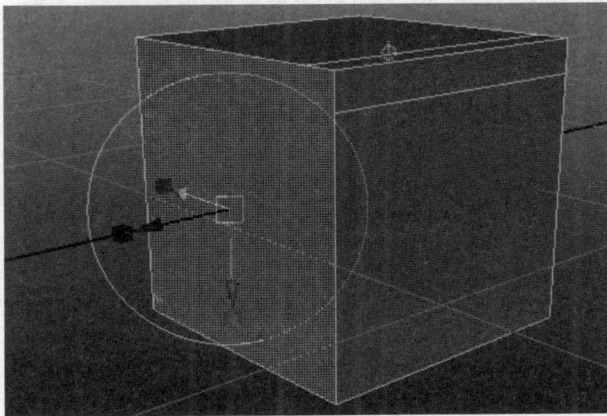

图6.23

在 Polygons 模块下单击 Edit Mesh，然后点击 Transform Component 即可。

6.10 Duplicate Face（复制面）

选中多边形的一个或者多个面，然后把它们复制出来（效果如图6.24所示）。

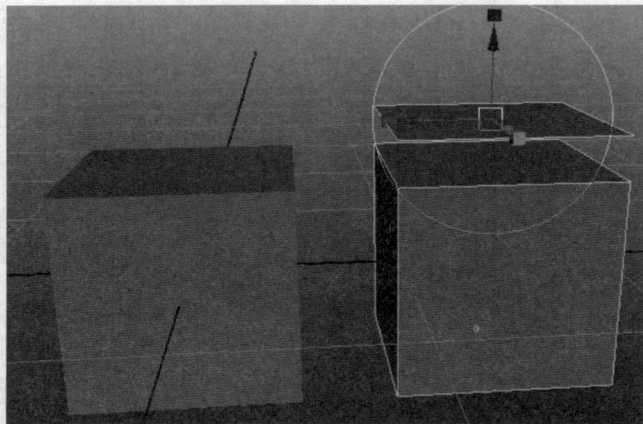

图6.24

选中多边形一个或者多个面，然后点击命令即可。

在Polygons模块下单击Edit Mesh，然后点击Duplicate Face即可。

6.11 Merge（缝合）

缝合设定距离内的点（效果如图6.25所示）。

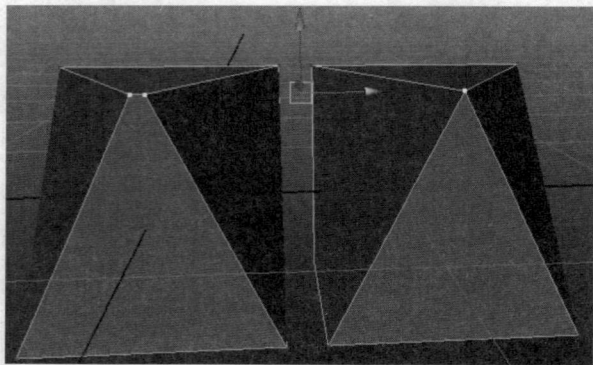

图6.25

首先把多边形变为点的模式显示，然后选中需要缝合的点，最后点击命令即可。

在Polygons模块下单击Edit Mesh，然后点击Merge即可。

6. 12   Delete Edge/Vertex（删除边/顶点）

删除多边形的边和顶点。

选择多边形上需要删除的边，然后单击命令即可。使用 Delete Edge/Vertex 的时候可以把要删除的边上多余的点也删除掉（如图 6.26 所示）。

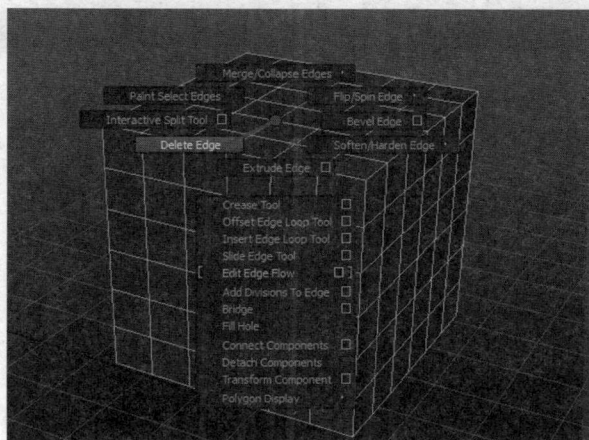

图 6.26

在 Polygons 模块下单击 Edit Mesh，然后点击 Delete Edge/Vertex 即可。

6. 13   Bevel（倒角）

使多边形的边和角变得更加圆滑。

选择多边形的边，然后单击命令即可。

在 Polygons 模块下单击 Edit Mesh，然后点击 Bevel 即可。

点击命令后的小正方形属性：Offset（偏移，如图 6.27）/Segments（段数，如图 6.28）。

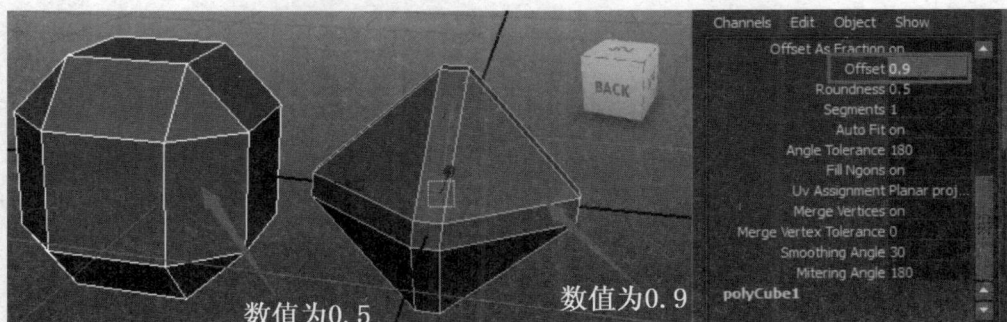

图 6.27

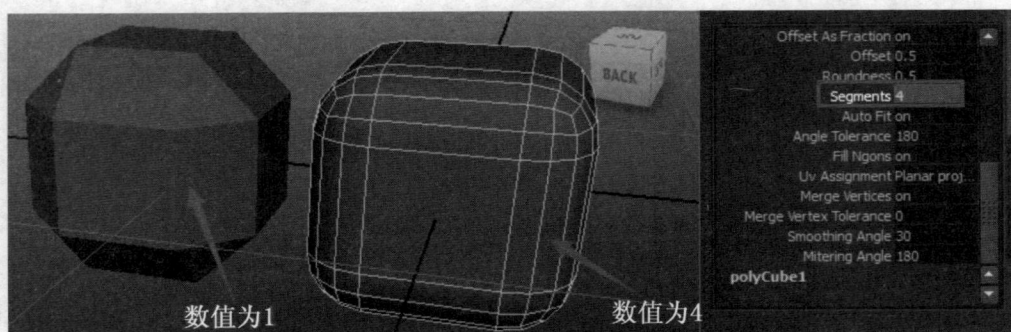

数值为1　　　　　　　数值为4

图 6.28

7 Normals（法线）菜单

■ 7.1 Vertex Normals Edit Tool（显示法线）

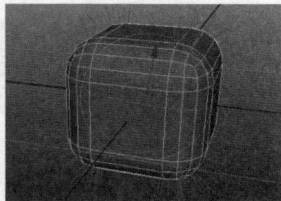

图7.1

显示法线可以显示多边形面的方向，在模型的制作过程或导入过程中法线可能会发生翻转（效果如图7.1所示）。

选中模型后，单击 Normals，然后再点击 Vertex Normals Edit Tool即可。

■ 7.2 Lock Normals（锁定法线）

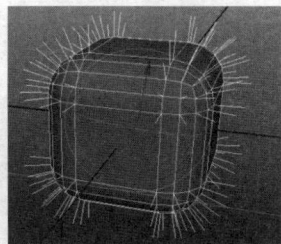

图7.2

锁定选中的多边形法线的方向（效果如图7.2所示）。

选中模型后，单击 Normals，再点击 Vertex Normals Edit Tool，待法线显示后，再点击 Lock Normals 就可以对法线进行锁定。

■ 7.3 Unlock Normals（解锁法线）

对多边形锁定的法线进行解锁。

选中模型后，单击 Normals，再点击 Vertex Normals Edit Tool，待法线显示后，再点击 Unlock Normals 就可以对法线进行解锁。

■ 7.4 Reverse（翻转）

翻转选中的多边形的法线（效果如图7.3所示）。

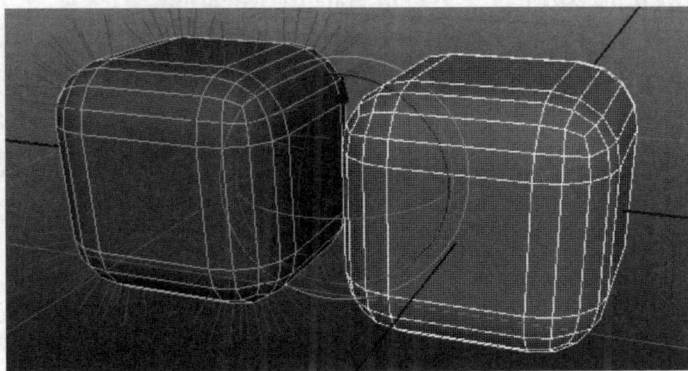

图7.3

选中模型后，单击 Normals，再点击 Vertex Normals Edit Tool，待法线显示后，选中要翻转的面或者整个模型，再点击 Reverse 即可。如果我们操作 Reverse 命令不起作用，则需确认法线是否被锁定了，如果锁定了只要执行一次 Unlock Normals 对法线进行解锁即可。

7.5　Conform（统一）

使所有选择面的法线方向保持一致。执行这个命令的时候，会按少数服从多数的原则进行法线统一。

7.6　Soften Edge（柔化边缘）

对多边形的边进行软化处理，使多边形的边没有那么硬，达到一定的圆滑效果，同时不会对多边形的段数进行改变（效果如图 7.4 所示）。

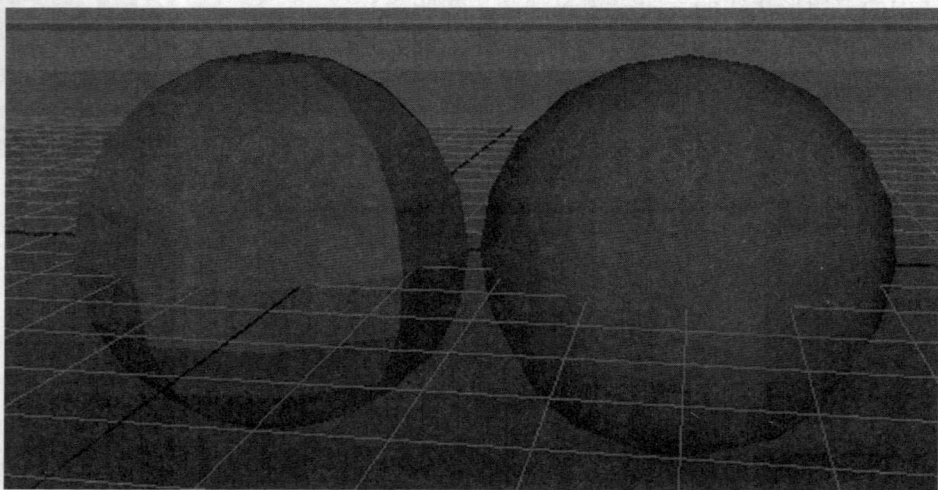

图 7.4

选择我们要进行软化的多边形，然后点击 Soften Edge 即可。

7.7　Harden Edge（硬化边缘）

此命令与 Soften Edge（柔化边缘）相反，是把我们选中的多边形的边进行硬化处理（效果如图 7.5 所示）。

图 7.5

选择我们要进行硬化的多边形，然后点击 Harden Edge 即可。

8 Edit Curves（编辑曲线）菜单

8.1 Duplicate Surface Curves （复制曲面曲线）

对选中的曲面或者多边形的边进行复制，类似于提取，复制的曲线是独立出来的。

在 Surfaces 模块下单击 Edit Curves，然后点击 Duplicate Surface Curves 即可（如图 8.1 所示）。

图 8.1

选中曲面的曲线后点击命令即可（效果如图 8.2、图 8.3 所示）。

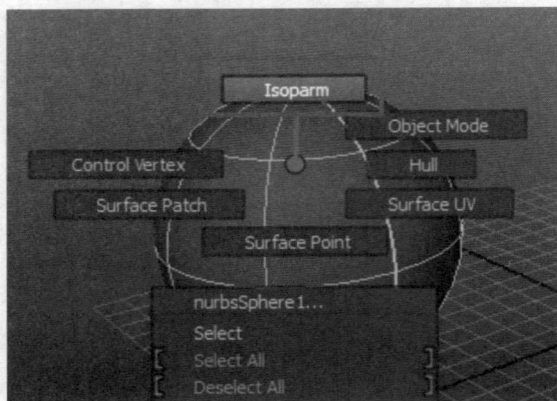

图 8.2

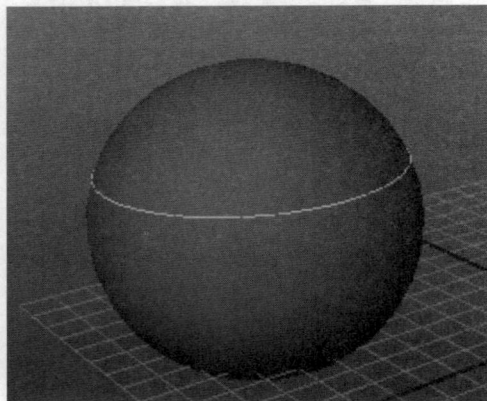

图 8.3

8.2 Attach Curves （结合曲线）

对两条曲线进行结合，然后新建一条曲线。命令执行时，会自动连接最接近的两端，如果需要手动连接特定的位置，可以选中其中的点再执行命令连接。

在 Surfaces 模块下单击 Edit Curves，然后点击 Attach Curves 即可（如图 8.4 所示）。

图 8.4

选中两条独立的曲线后点击命令即可（效果如图 8.5 至图 8.8 所示）。

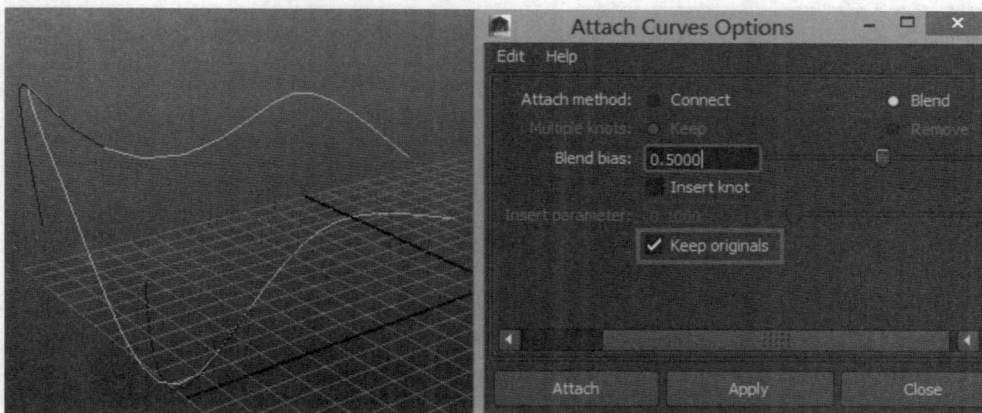

图 8.5

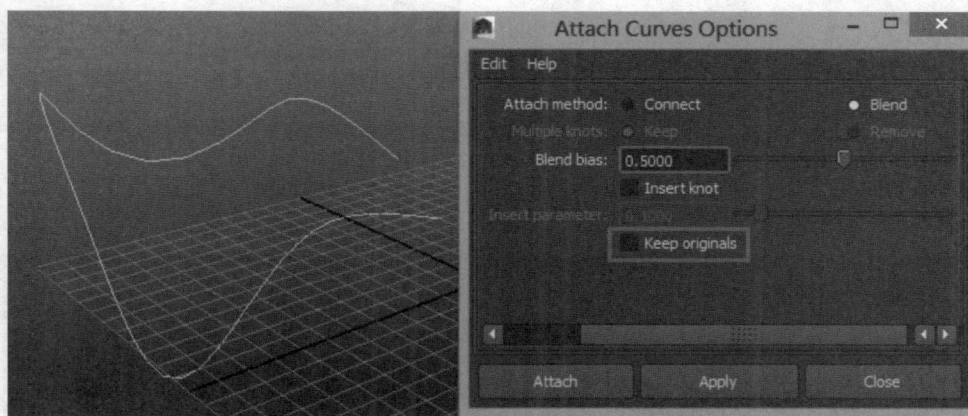

图 8.6

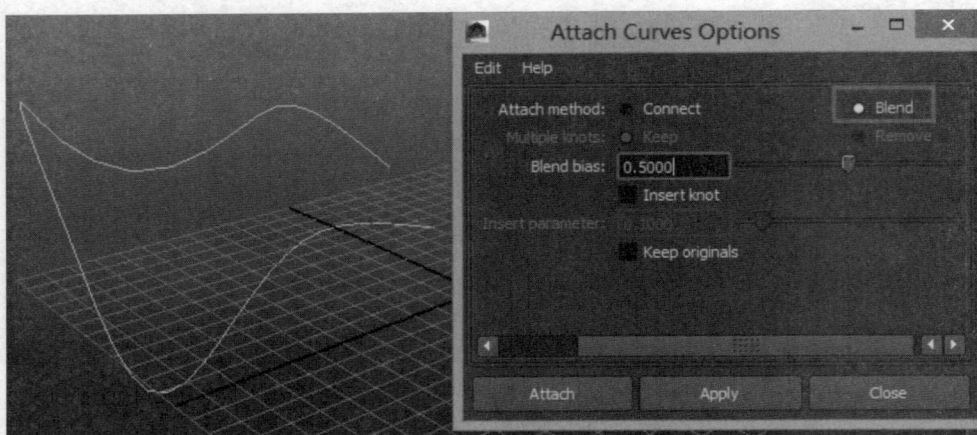

图 8.7

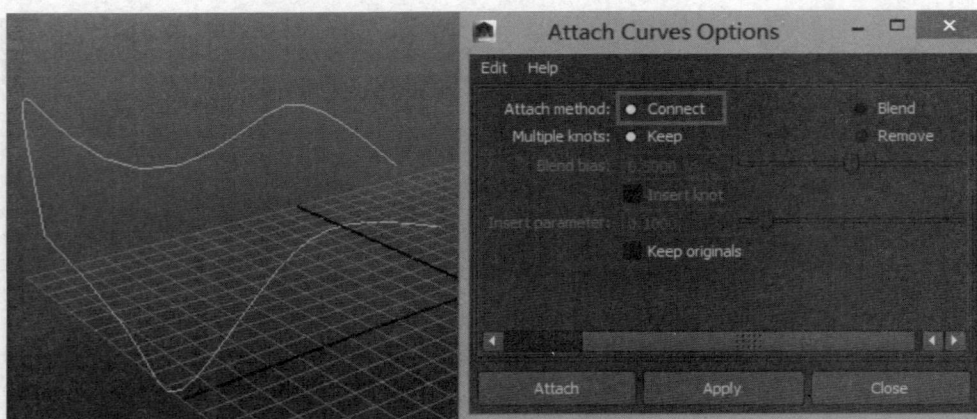

图 8.8

8.3 Detach Curves （分离曲线）

把一条曲线截成两条曲线或者多条曲线。

在 Surfaces 模块下单击 Edit Curves，然后点击 Detach Curves 即可（如图 8.9 所示）。

图 8.9

选中一条独立的曲线上的一个或者多个曲线点后点击命令即可（效果如图8.10、图8.11所示）。

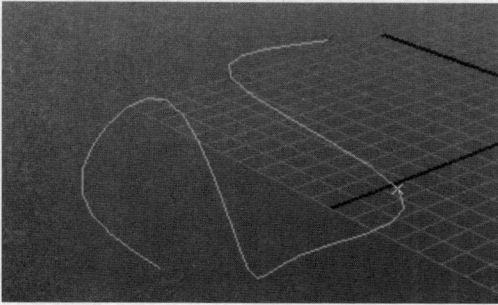

图8.10

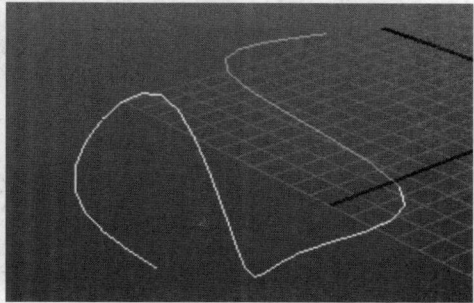

图8.11

8.4 Insert Knot （插入点）

为曲线添加一个结点。

在 Surfaces 模块下单击 Edit Curves，再点击 Insert Knot 即可（如图8.12所示）。

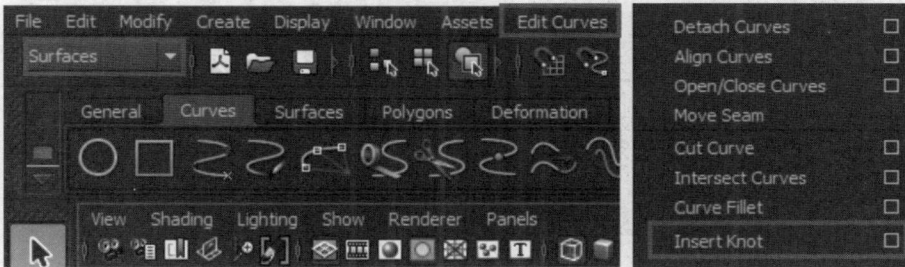

图8.12

选中一条独立的曲线上的 Curve Point （曲线点）后点击命令即可（效果如图8.13、图8.14所示）。

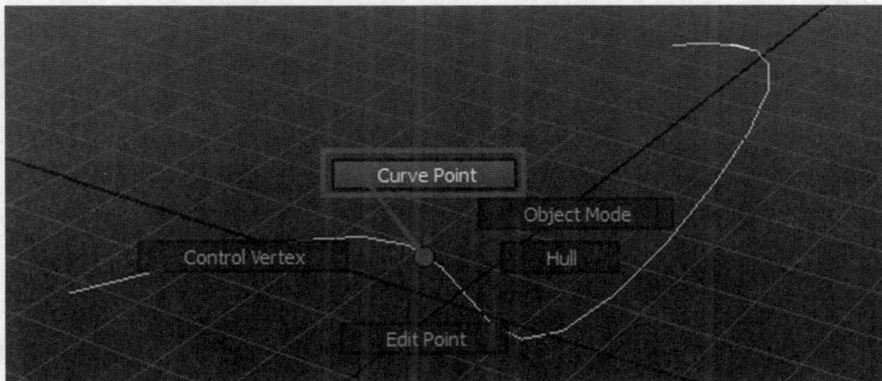

图8.13

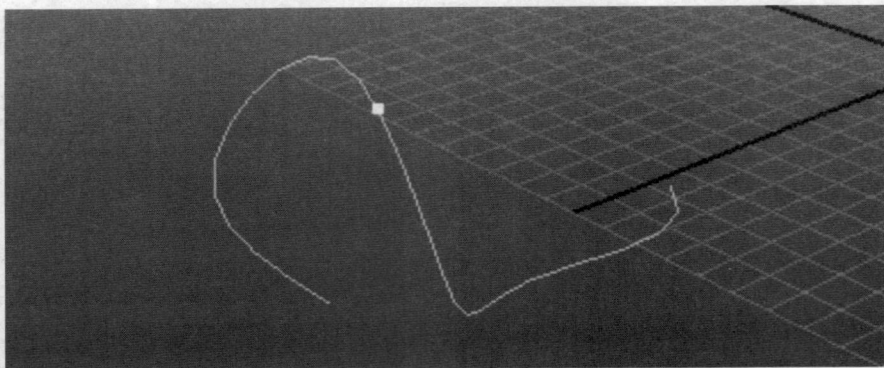

图 8.14

8.5　Rebuild Curve （重建曲线）

重新定义曲线上的 Ep（编辑点）的数量，并在曲线上均匀分布 Cv（控制点）。

在 Surfaces 模块下单击 Edit Curves，然后点击 Rebuild Curve 即可（如图 8.15 所示）。

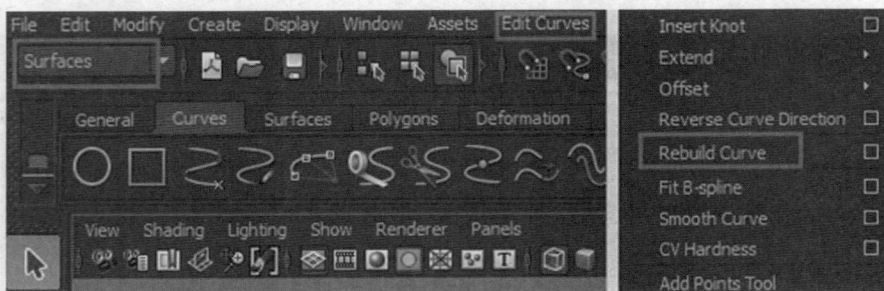

图 8.15

选中一条曲线，在命令中输入需要的点数即可（效果如图 8.16 至图 8.18 所示）。

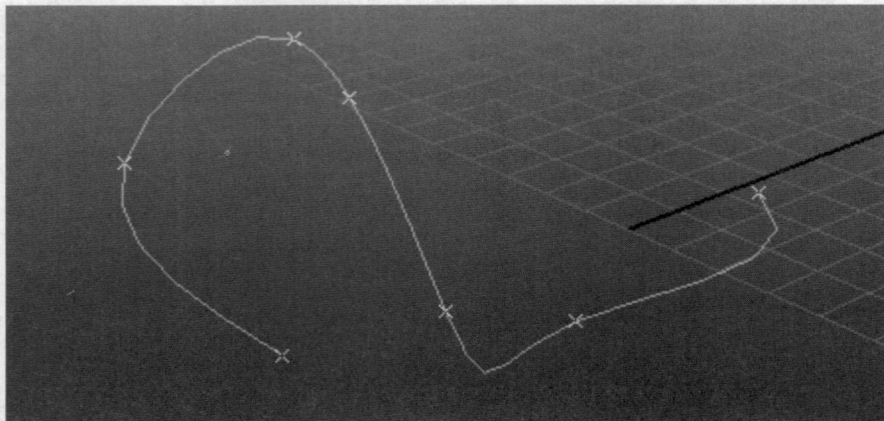

图 8.16

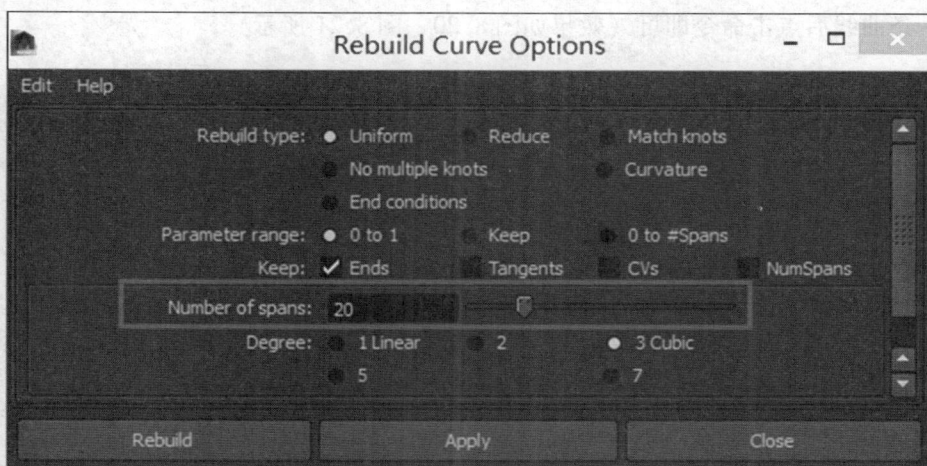

图 8. 17

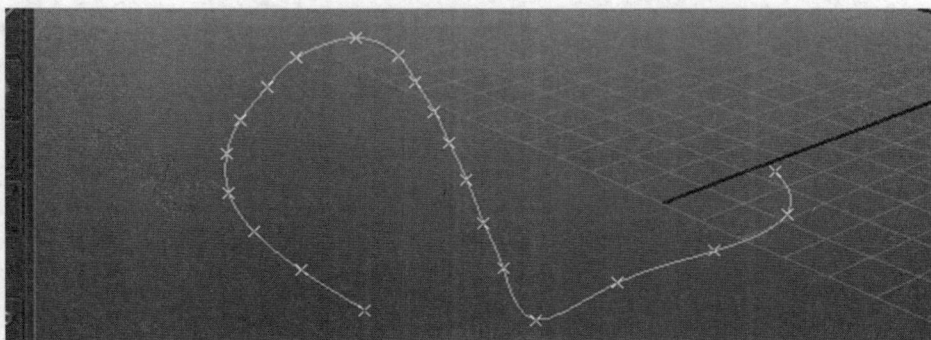

图 8. 18

8.6　Smooth Curve　（圆滑曲线）

在不改变 Cv（控制点）的数量的情况下使曲线平滑。

在 Surfaces 模块下单击 Edit Curves，然后点击 Smooth Curve 即可（如图 8. 19 所示）。

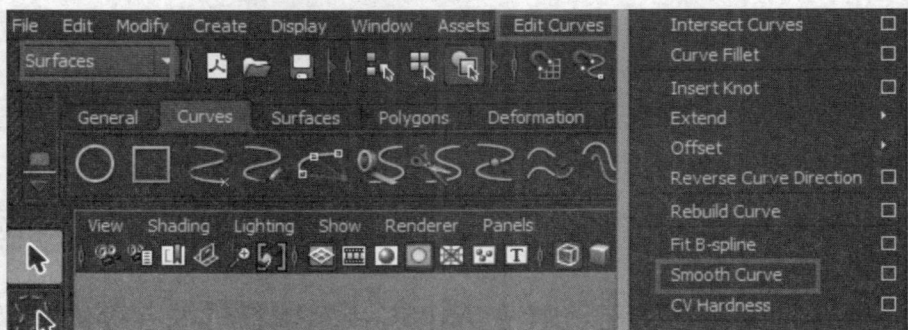

图 8. 19

选中一条曲线后点击命令即可（效果如图 8.20、图 8.21 所示）。

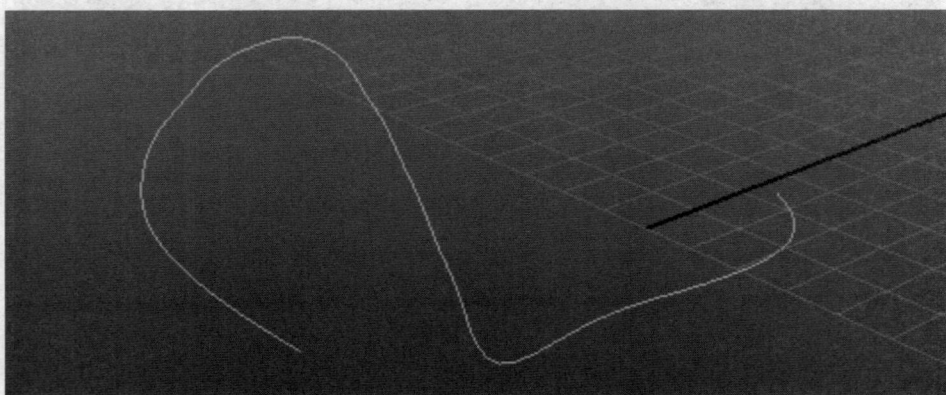

图 8.20

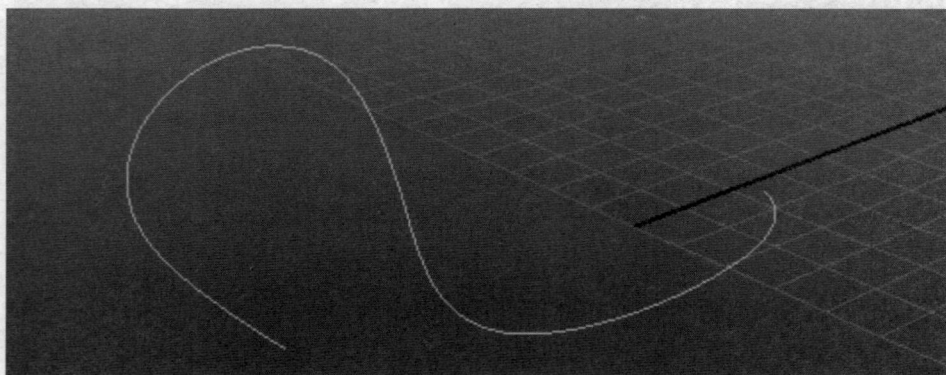

图 8.21

9 Surfaces（曲面）菜单

9.1 Revolve （旋转）

以设定的轴向为中心旋转，用曲线生成曲面。

在 Surfaces 模块下单击 Surfaces，然后点击 Revolve 即可（如图9.1所示）。

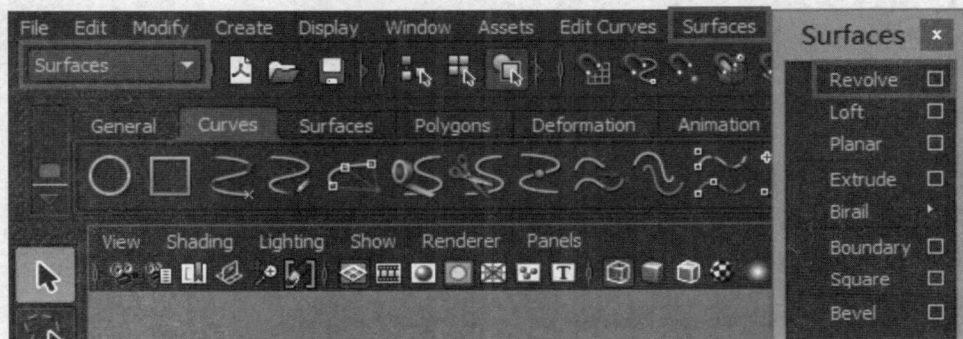

图9.1

选择要旋转的曲线，然后在命令中设定好旋转的轴向、起始和结束的角度、生成的面数，点击命令即可（效果如图9.2、图9.3所示）。

图9.2

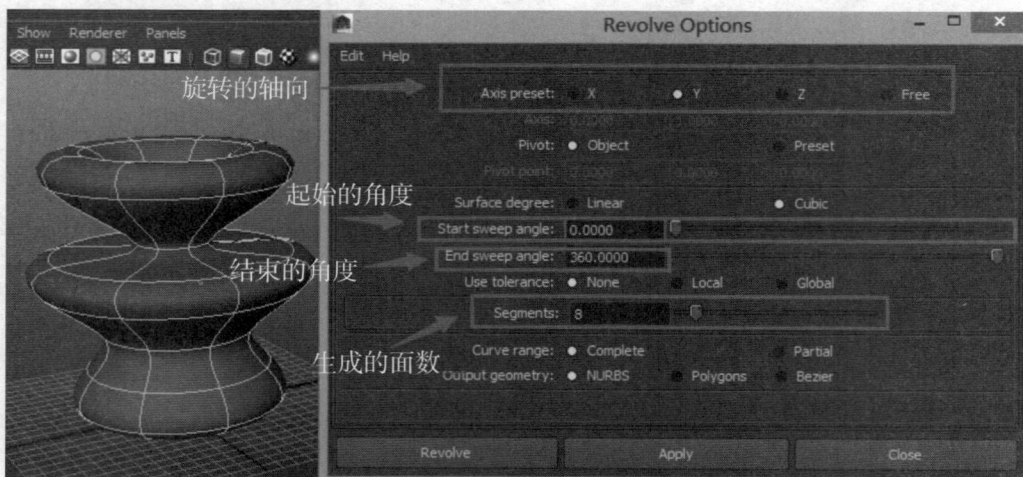

图 9.3

9.2 Loft （放样）

以选择的曲线为参考，连接后生成曲面。

在 Surfaces 模块下单击 Surfaces，然后点击 Loft 即可（如图 9.4 所示）。

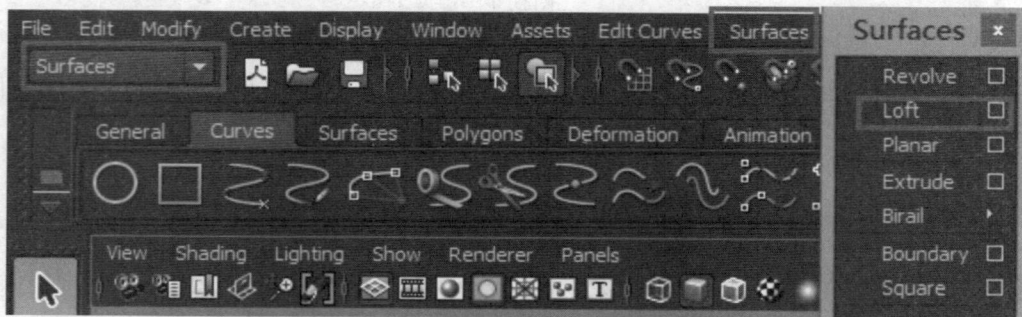

图 9.4

选择要生成的曲线，依次点击选取后，点击命令即可（效果如图 9.5 至图 9.8 所示）。

图 9.5

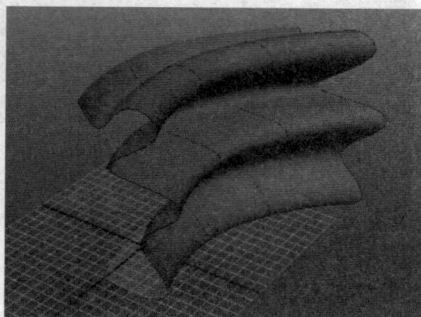

图 9.6

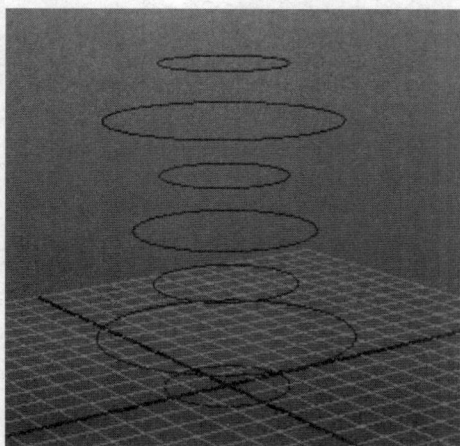

图 9.7

图 9.8

9.3 Planar （平面）

根据选择的曲线创建曲面。

在 Surfaces 模块下单击 Surfaces，然后点击 Planar 即可（如图 9.9 所示）。

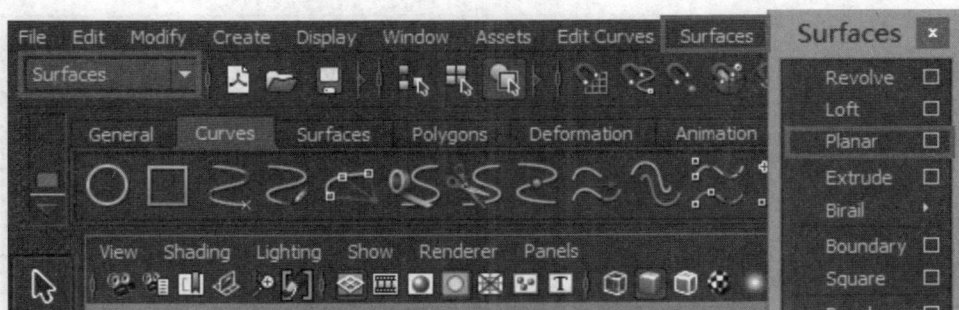

图 9.9

选择要生成的曲线，依次点击选取后，点击命令即可（效果如图 9.10 至图 9.13 所示）。

图 9.10

图 9. 11

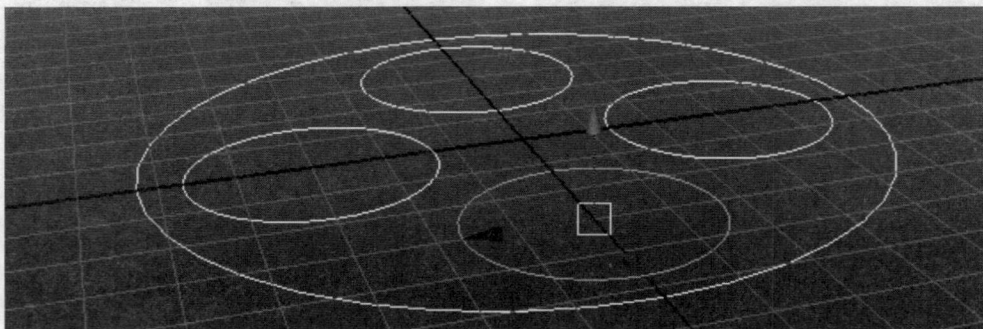

图 9. 12

图 9. 13

9. 4　Extrude（挤出）

把轮廓线按路径挤出，生成曲面。

在 Surfaces 模块下单击 Surfaces，然后点击 Extrude 即可（如图 9. 14 所示）。

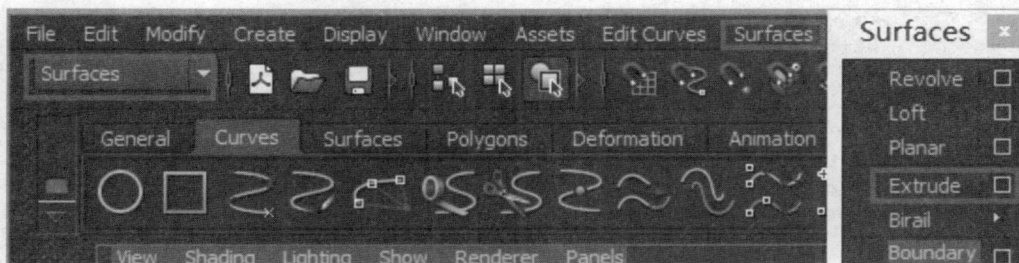

图 9.14

　　选择一条或者多条供参考的曲线，添加选择的路径，根据需要的效果，点击命令即可（效果如图 9.15 至图 9.20 所示）。

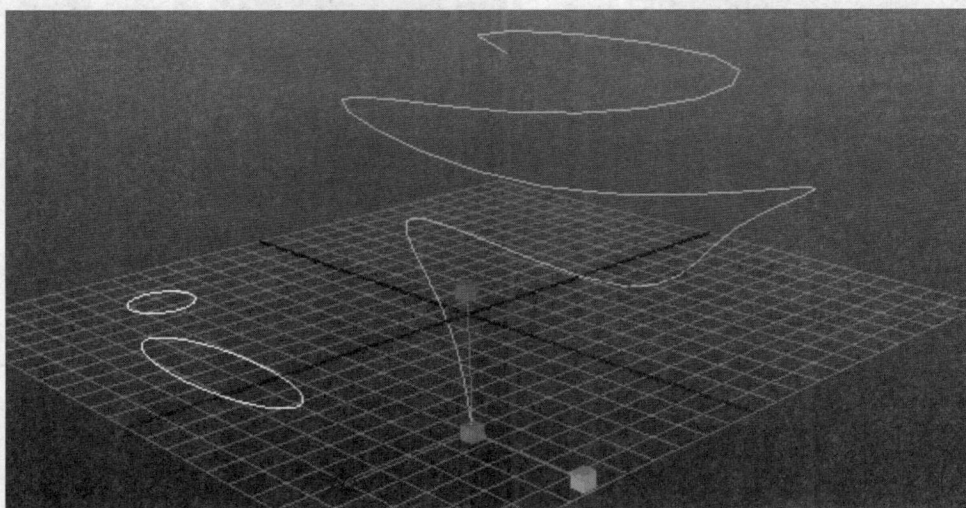

图 9.15

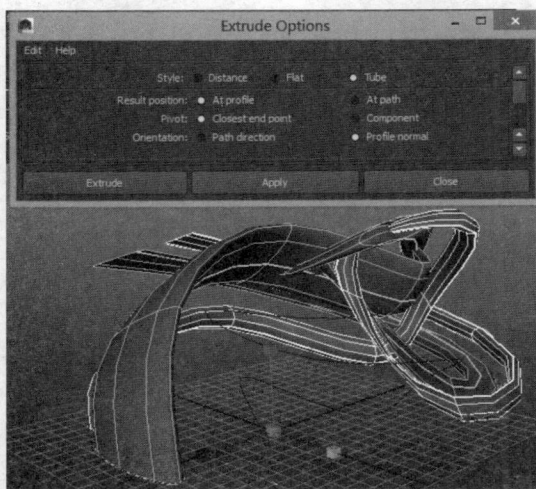

图 9.16

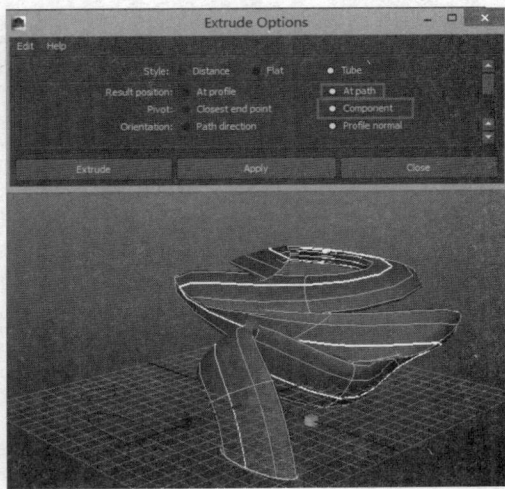

图 9.17

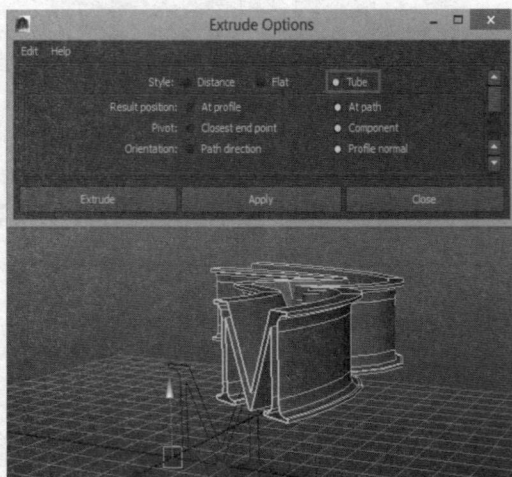
图9.18

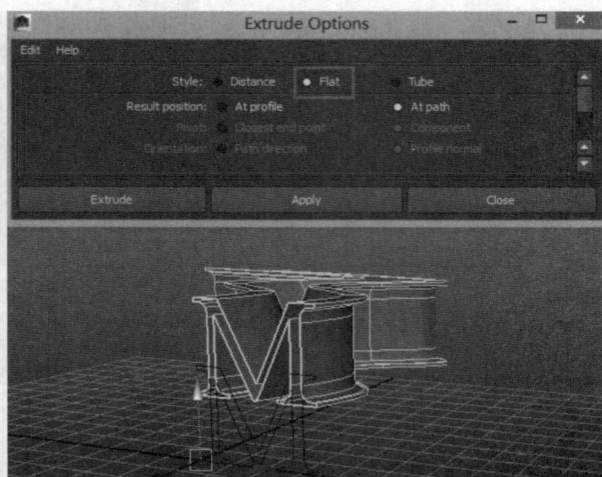
图9.19

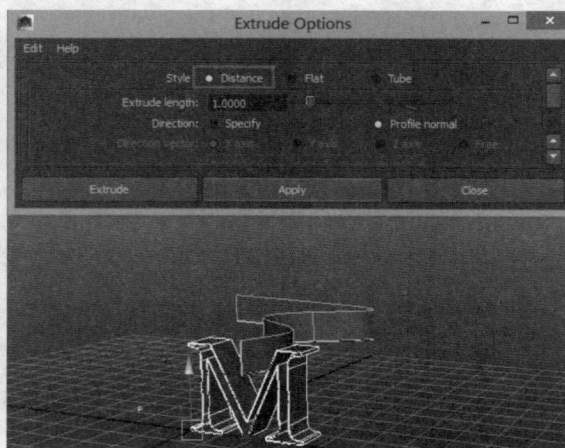
图9.20

10　Edit NURBS（编辑曲面）菜单

▌ 10. 1　Project Curve on Surface　（投射曲线到曲面上）

把曲线投射到曲面上。

在 Surfaces 模块下单击 Edit NURBS，然后点击 Project Curve on Surface 即可（如图 10.1 所示）。

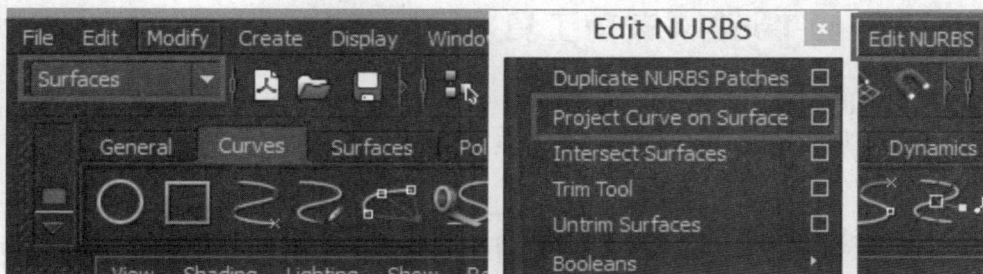

图 10.1

选择一条或者多条曲线，添加曲面后点击命令即可（效果如图 10.2 至图 10.7 所示）。

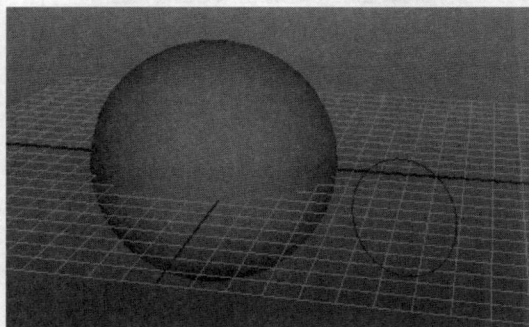

图 10.2

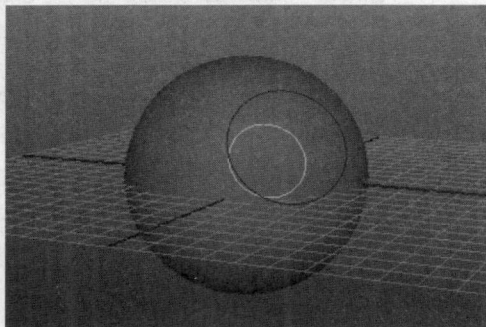

图 10.3

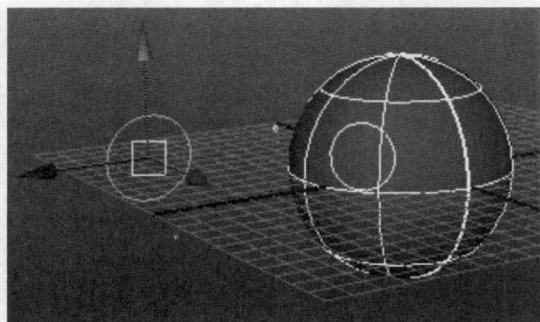

图 10.4

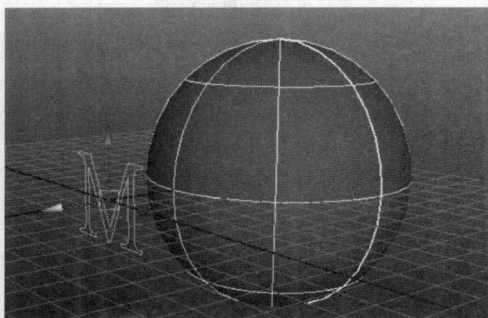

图 10.5

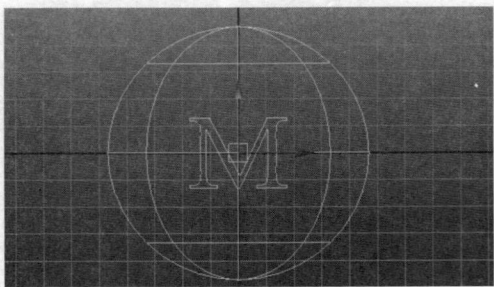

图 10.6

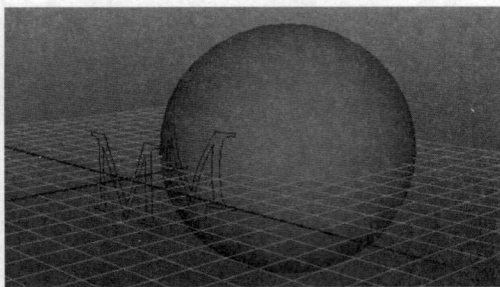

图 10.7

10.2　Trim Tool （裁剪工具）

把曲线投射到曲面上。

在 Surfaces 模块下单击 Edit NURBS，然后点击 Trim Tool 即可（如图 10.8 所示）。

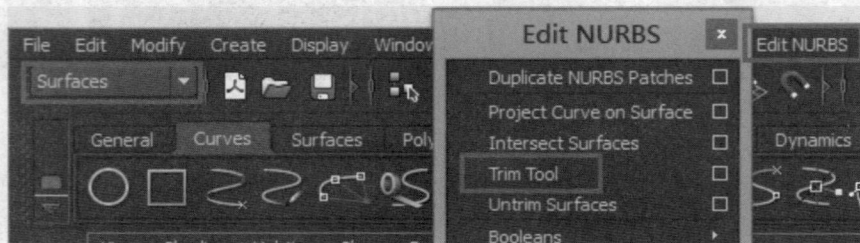

图 10.8

选择需要裁剪的曲面后点击命令即可（效果如图 10.9 至图 10.12 所示）。

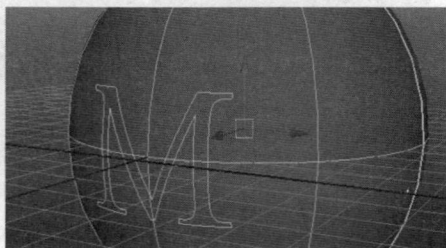

图 10.9

图 10.10

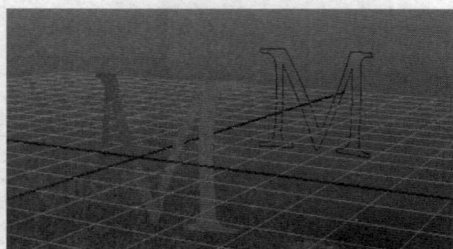

图 10.11

图 10.12

11　金属喷罐

制作模型前，我们需要对参考图片进行观察，分析对象由什么基础物体组成。第一步是创建工程目录，这样可以方便我们对文件进行管理，创建的工程目录不能出现中文，否则会产生错误。然后把参考图片放进 sourceimages 当中，按快捷键"Ctrl + S"保存新建的场景，命名为"×××_ 01"。使用"×××_ 01"这种格式是因为我们制作的 Maya 文件可能无法在一天内完成，到第二天再进行制作的时候可以另存一个名为"×××_ 02"的文件。工作中经常使用 U 盘进行文件的传输，文件容易损坏或者中毒，这样的保存方式可以避免文件损坏的时候，我们失去所有数据（具体设置可以参考图 11.1）。

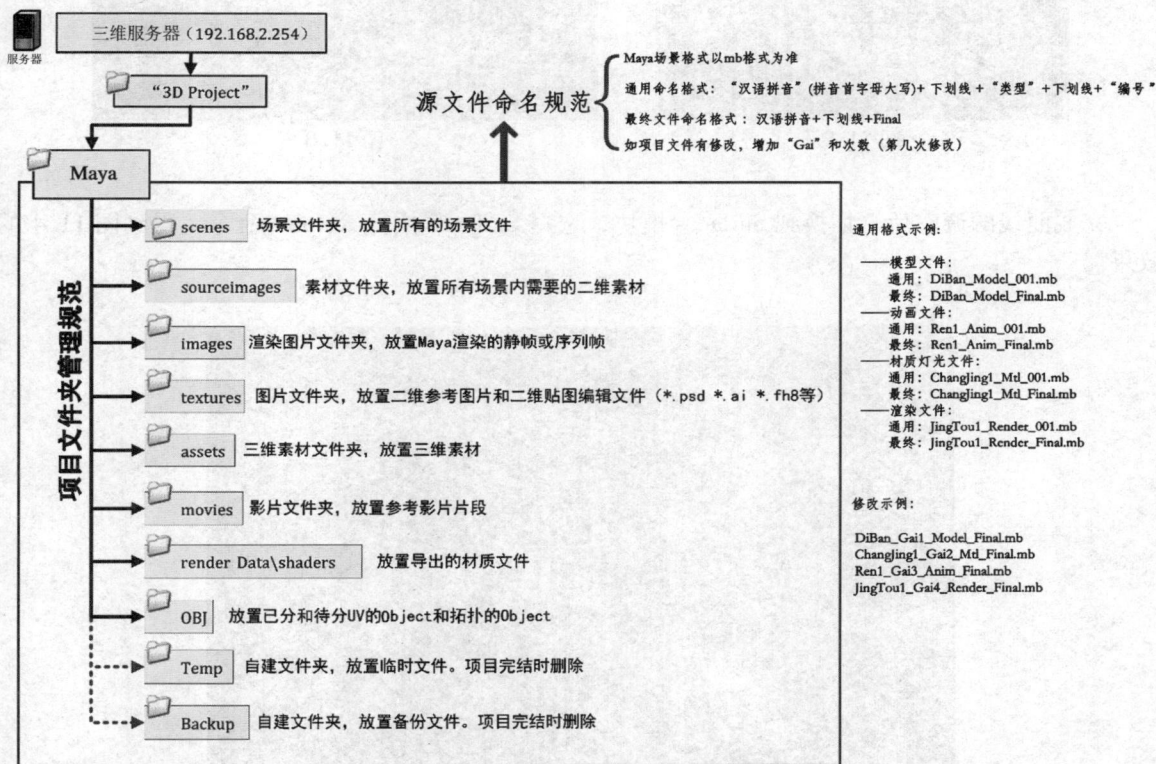

服务器

三维服务器（192.168.2.254）

"3D Project"

Maya

源文件命名规范
- Maya场景格式以mb格式为准
- 通用命名格式："汉语拼音"(拼音首字母大写)+ 下划线 + "类型"+ 下划线 + "编号"
- 最终文件命名格式：汉语拼音+下划线+Final
- 如项目文件有修改，增加"Gai"和次数（第几次修改）

项目文件夹管理规范

scenes　场景文件夹，放置所有的场景文件

sourceimages　素材文件夹，放置所有场景内需要的二维素材

images　渲染图片文件夹，放置Maya渲染的静帧或序列帧

textures　图片文件夹，放置二维参考图片和二维贴图编辑文件（*.psd *.ai *.fh8等）

assets　三维素材文件夹，放置三维素材

movies　影片文件夹，放置参考影片片段

render Data\shaders　放置导出的材质文件

OBJ　放置已分和待分UV的Object和拓扑的Object

Temp　自建文件夹，放置临时文件。项目完结时删除

Backup　自建文件夹，放置备份文件。项目完结时删除

通用格式示例：
- 模型文件：
  通用：DiBan_Model_001.mb
  最终：DiBan_Model_Final.mb
- 动画文件：
  通用：Ren1_Anim_001.mb
  最终：Ren1_Anim_Final.mb
- 材质灯光文件：
  通用：Changjing1_Mtl_001.mb
  最终：Changjing1_Mtl_Final.mb
- 渲染文件：
  通用：JingTou1_Render_001.mb
  最终：JingTou1_Render_Final.mb

修改示例：

DiBan_Gai1_Model_Final.mb
Changjing1_Gai2_Mtl_Final.mb
Ren1_Gai3_Anim_Final.mb
JingTou1_Gai4_Render_Final.mb

图 11.1

完成工程目录的创建以后，进入模型的制作环节，首先对金属喷罐的罐身部分进行制作。

把 Maya 软件的视图切换到平面视图，即前视图或者侧视图。因为我们这次项目创建的物体需要一个规整的平面曲线，所以要点击 Cv 曲线工具进行曲线创建。首先按键盘上的"X"键，把曲线的第一点吸附到网格的中心，然后在曲线的创建中对造型进行初步的调整，曲线创建完成后点击键盘上的回车键进行确认。最后选中曲线，点击鼠标右键，选择 Control Vertex（控制点），对曲线点进行调整（如图 11.2、图 11.3 所示）。

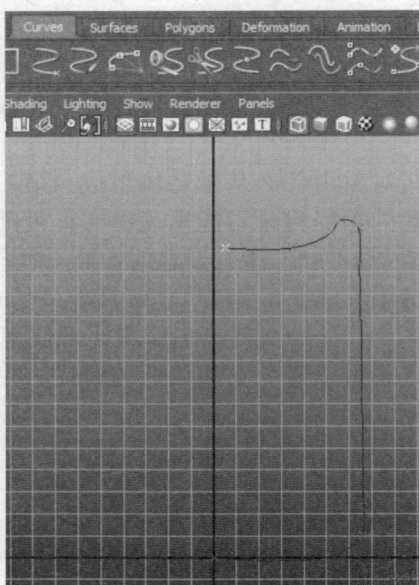

图 11.2

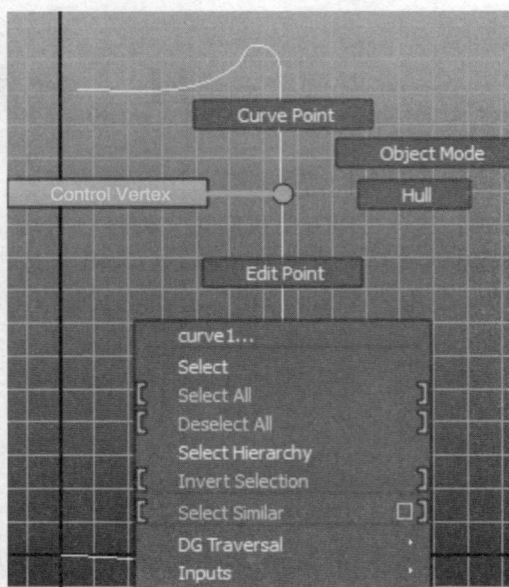

图 11.3

完成曲线的调整后，切换到 Surfaces 模块，选择 Surfaces 执行 Revolve 命令，得到图 11.4 的效果。

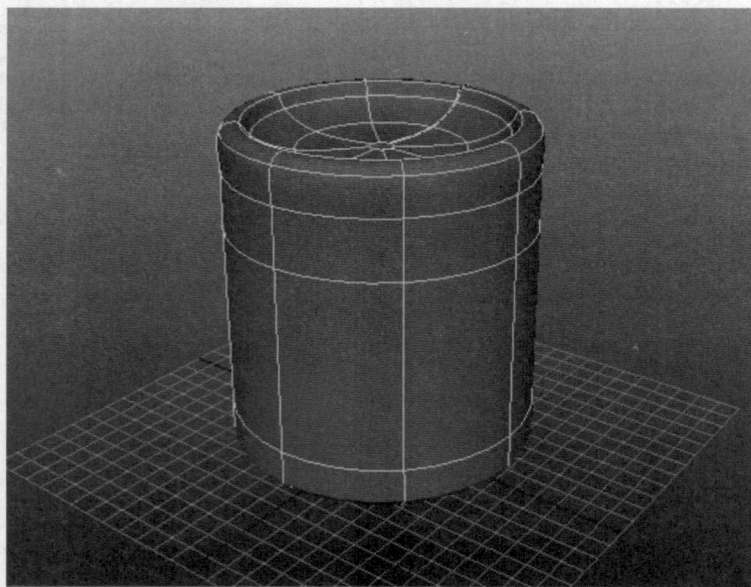

图 11.4

如果在执行 Revolve 命令后，没有得到想要的罐型，我们可以打开 Revolve 的属性栏（ Revolve □ ，即命令后的小正方形），然后找到 Axis preset（轴预设），调整相对应的轴向即可。

如果觉得生成的模型的边数比较少，我们可以通过调整 Segments（段数）来增加曲面的段数。

完成罐身部分的制作以后，接着对喷头部分进行制作。首先创建一个多边形圆柱体，然后调整圆柱体的段数（如图11.5所示）。

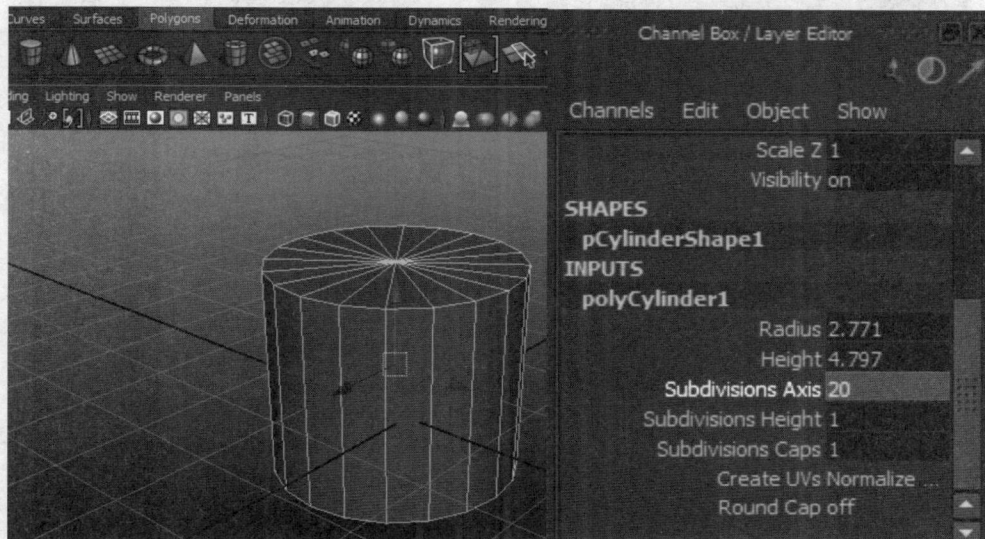

图 11.5

调整完段数以后，就可以对喷头的造型进行制作。选择模型需要挤出的面，然后把 Keep Faces Together 项去掉，再点 Extrude 命令。如果在制作过程中，没有去掉 Keep Faces Together 的选项，我们挤出的面就会以一个整体出现，而达不到需要的齿轮状（如图11.6、图11.7所示）。

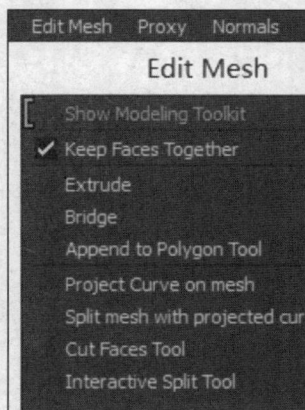

图 11.6

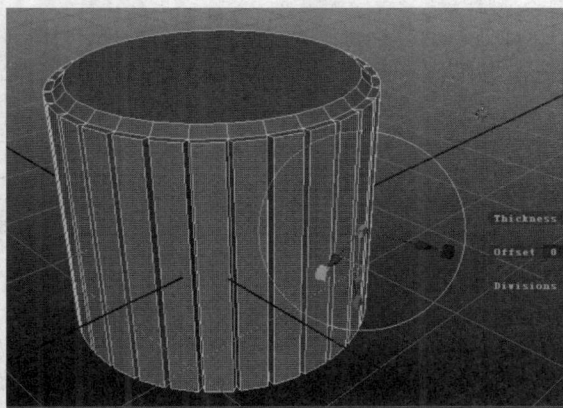

图 11.7

最后制作盖子部分。新建一个多边形圆柱体，然后调整圆柱体的段数和 Subdivisions Caps 的数值，再调整各个模型的位置（如图11.8至图11.11所示）。

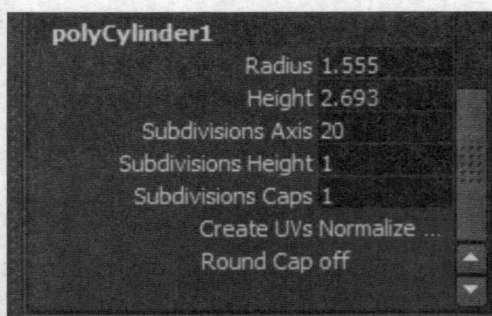

图 11. 8

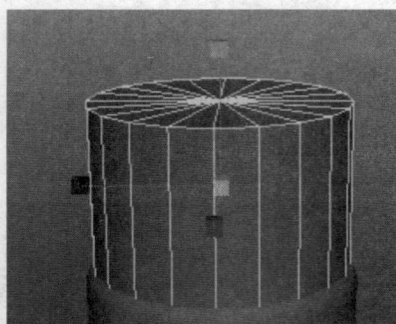

图 11. 9

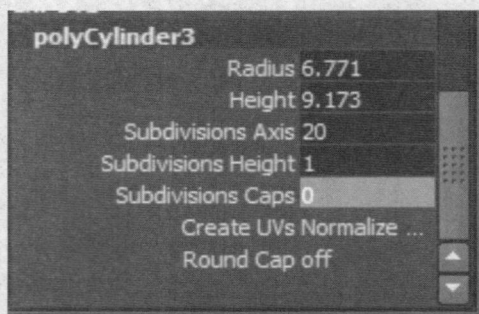

图 11. 10

图 11. 11

　　完成模型主体制作后，还要为场景增加一个展示台。首先创建一个多边形平面，然后在平面上使用 Insert Edge Loop Tool 命令插入循环线（如图 11. 12、图 11. 13 所示）。

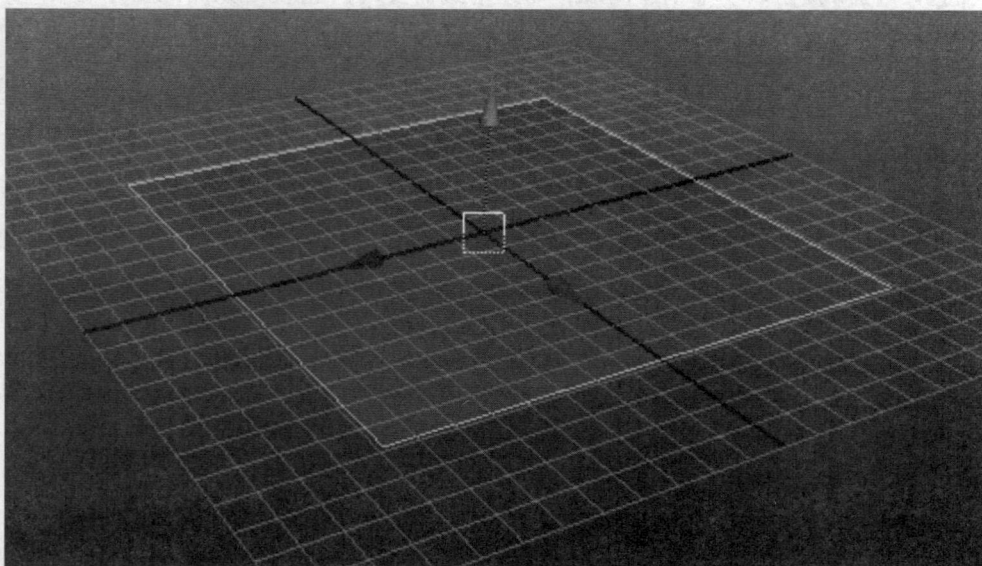

图 11. 12

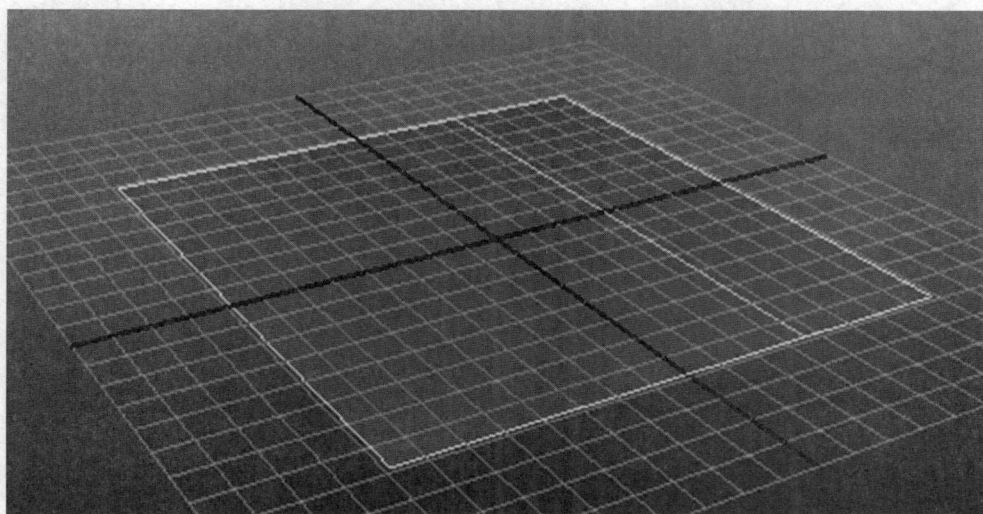

图 11.13

插入循环线后，让物体变为线的模式，调整模型的造型（如图 11.14 所示）。

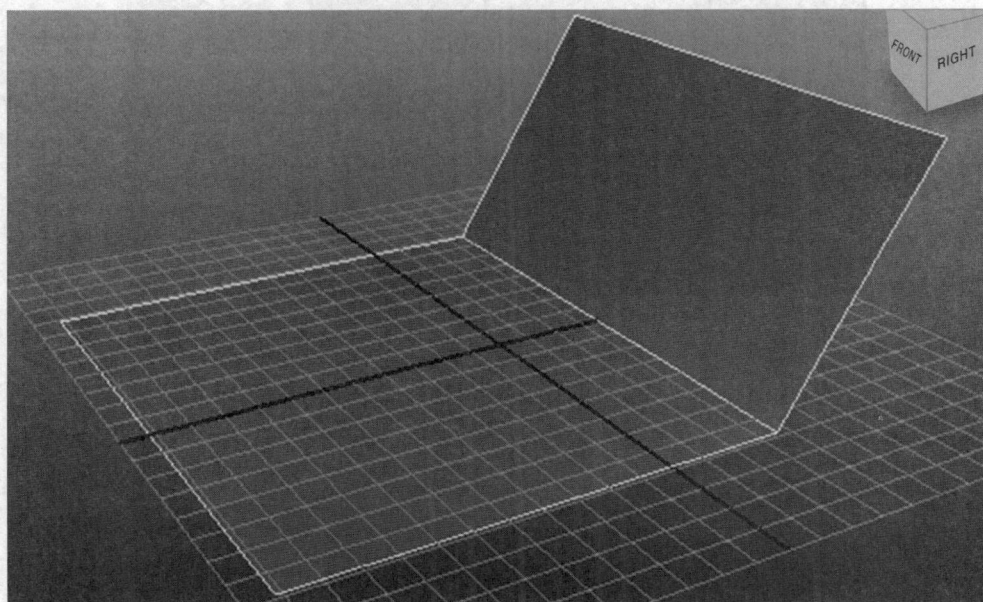

图 11.14

选取中间的线进行倒角，然后调整倒角的段数（如图 11.15 所示），得到图 11.16 所示的效果。这样我们就完成了展示台的制作。

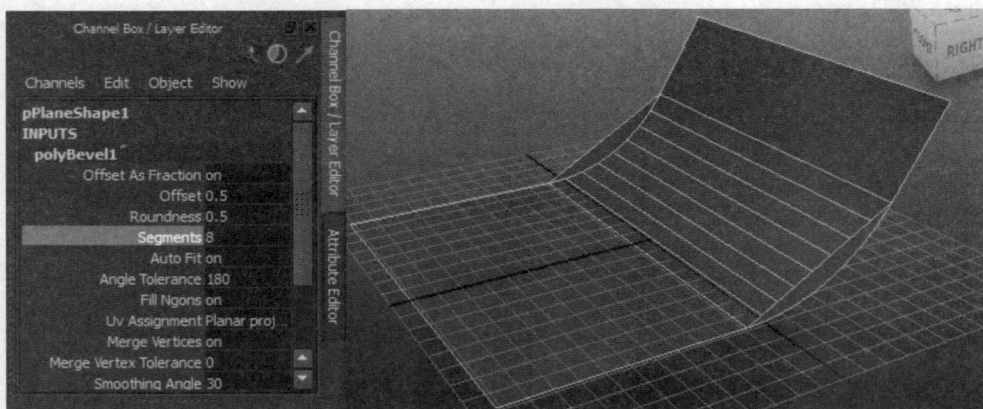

图 11. 15

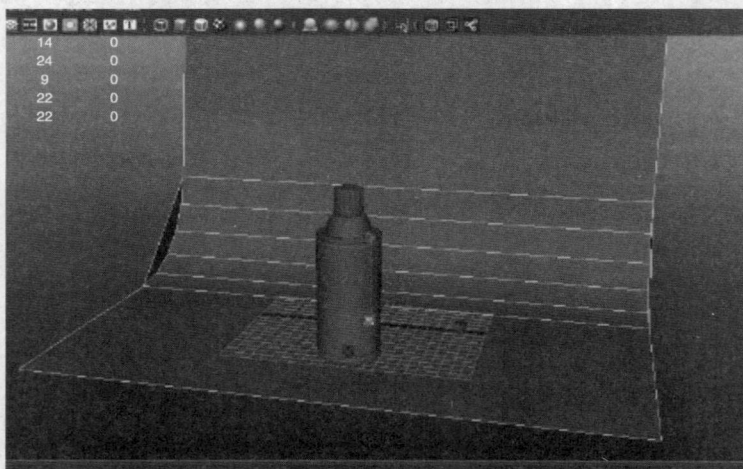

图 11. 16

下一步是为场景创建摄像机。进入摄像机视图，调整摄像机位置，激活渲染属性（如图 11. 17 所示）。

图 11. 17

为了后期渲染时不出现错误，我们要激活 Safe Action（安全框），要渲染的场景物体一定要在安全框内，避免出现场景不完整的情况（如图 11.18 所示）。

完成以上操作后，下一步是为场景创建灯光（如图 11.19 所示）。

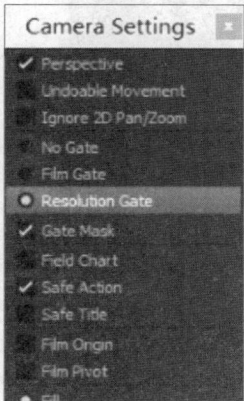

图 11.18

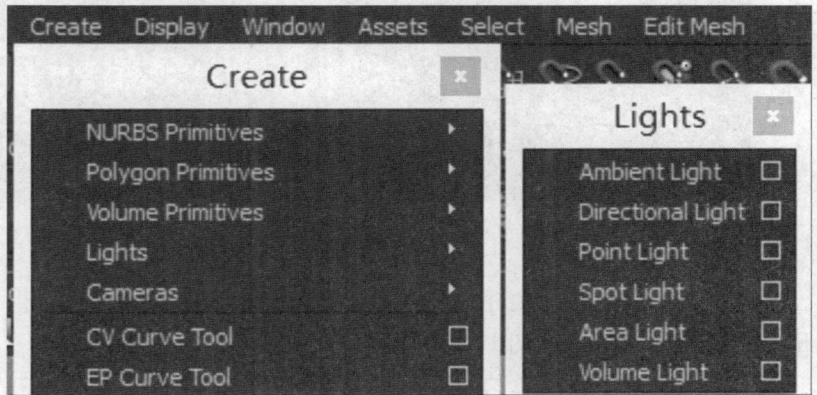

图 11.19

进入灯光视图，摆放好灯光位置（如图 11.20、图 11.21 所示）。

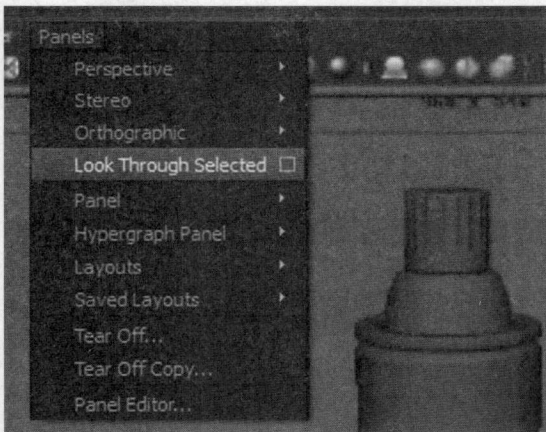

图 11.20

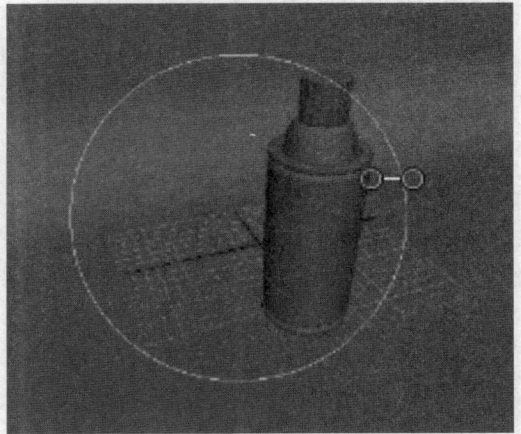

图 11.21

调整好灯光的位置后，可以对灯光的属性进行调整（如图 11.22 所示）。

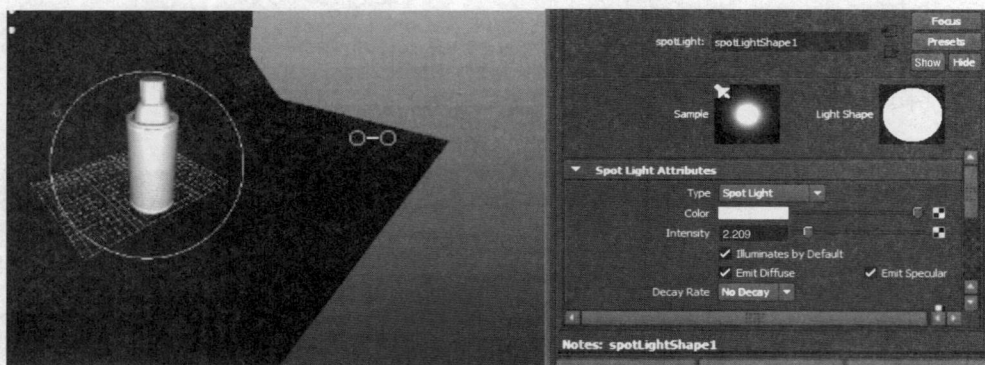

图 11.22

下一步进入材质制作部分。首先去掉场景中的默认灯光（Enable Default Light 的选项去掉），打开渲染器进行操作（如图 11.23 所示）。

然后为场景创建环境光及添加一张 HDR 贴图（如图 11.24 所示）。

为场景物体添加材质球（Window – Rendering Editors – Hypershade），创建材质（mental ray – Materials – mia_material_x），然后赋予物体（如图 11.25、图 11.26 所示）。

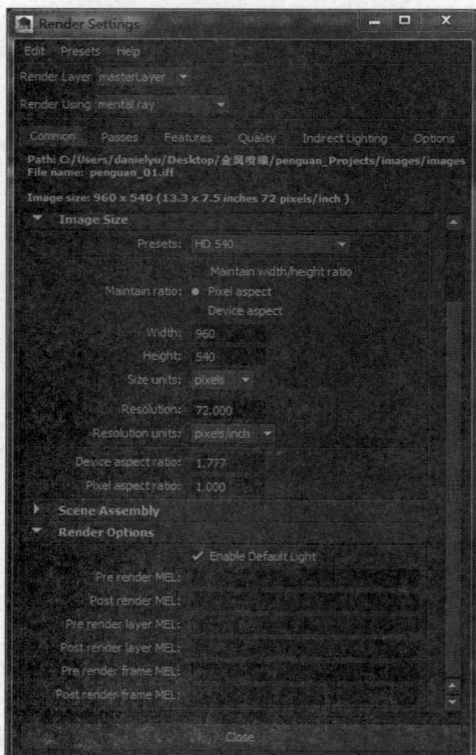

图 11.23

图 11.24

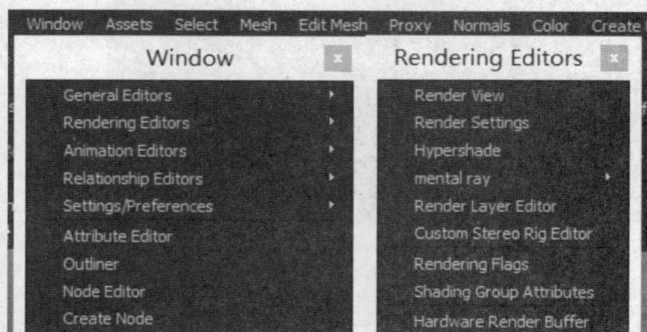

图 11.25

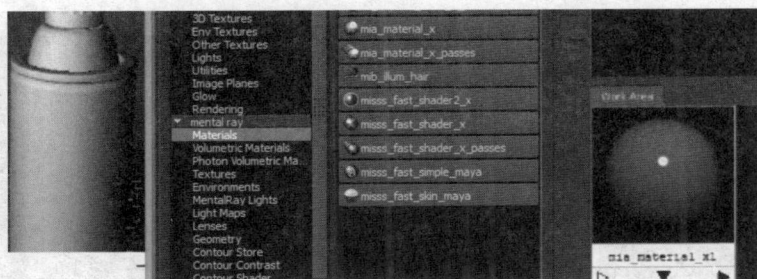

图 11.26

点击渲染器，把渲染器改为 mental ray，再点击渲染（效果如图 11.27 所示）。

图 11.27

（注意：如果在选择渲染器的时候发现没有 mental ray 选项，我们可以在 Maya 软件的插件管理里找到 mental ray 并激活，操作如图 11.28、图 11.29 所示。）

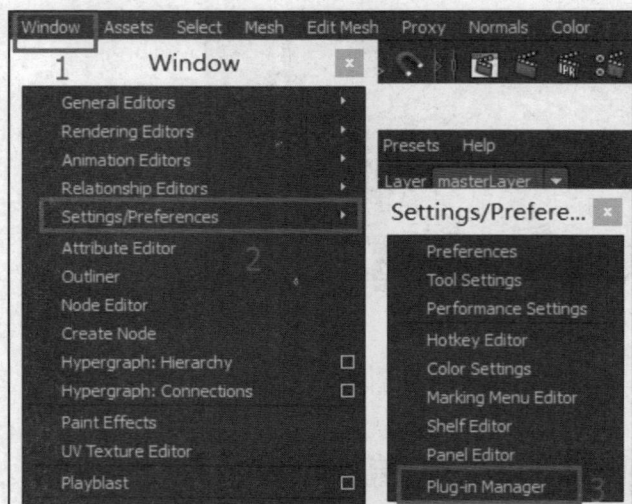

图 11.28

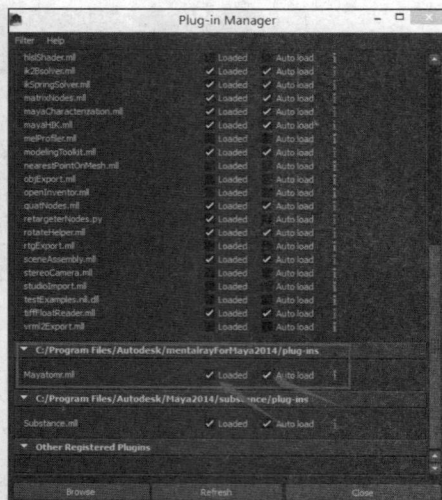

图 11.29

（注意：由于版本的区别，位置会发生变化，查找的时候记住名称为"Mayatomr. mll"即可。）
为了使场景物体能够更加真实，我们需要对材质的属性进行修改，具体参数可参考图 11.30。

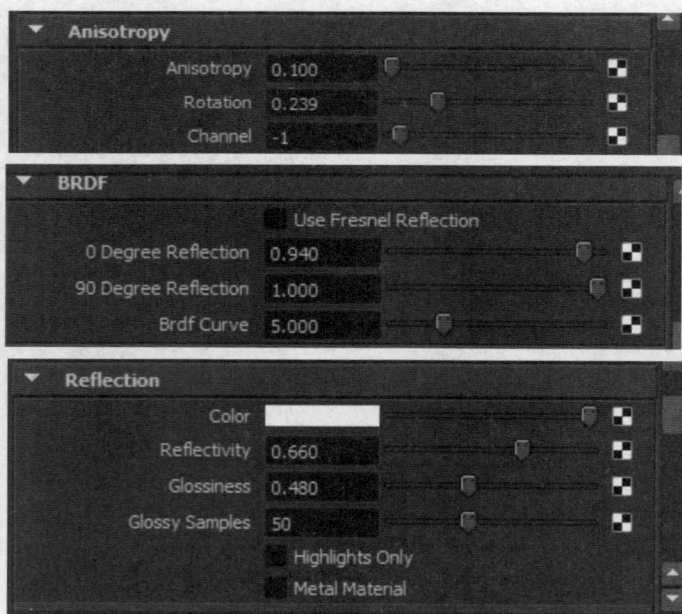

图 11.30

最后进行渲染，把图片以 jpg 的格式保存（如图 11.31 所示）。

图 11.31

课堂练习

根据你制作的项目，完成下图空格的填写。

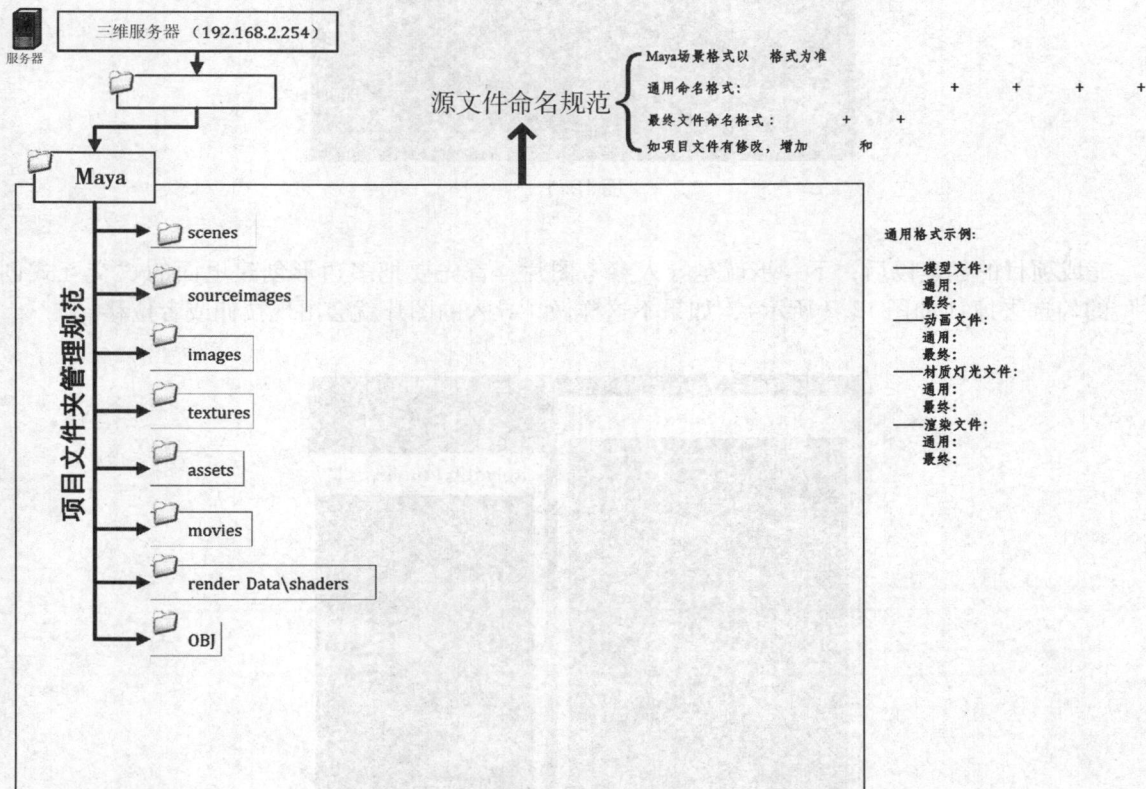

源文件命名规范

Maya场景格式以　　格式为准

通用命名格式：　　　　　＋　　　＋　　　＋　　　＋

最终文件命名格式：　　　＋　　　＋

如项目文件有修改，增加　　和

通用格式示例：

——模型文件：
　　通用：
　　最终：
——动画文件：
　　通用：
　　最终：
——材质灯光文件：
　　通用：
　　最终：
——渲染文件：
　　通用：
　　最终：

12　水粉颜料

　　本章节讲解如何制作颜料产品效果图。首先创建一个新的工程目录，这是每次项目制作不可缺少的步骤，我们要养成良好的习惯。然后对项目进行命名，如"YanLiao_Project"，接着对文件的路径进行更改，其他的参数可以不用调整，直接选择默认，最后执行创建（如图12.1所示）。

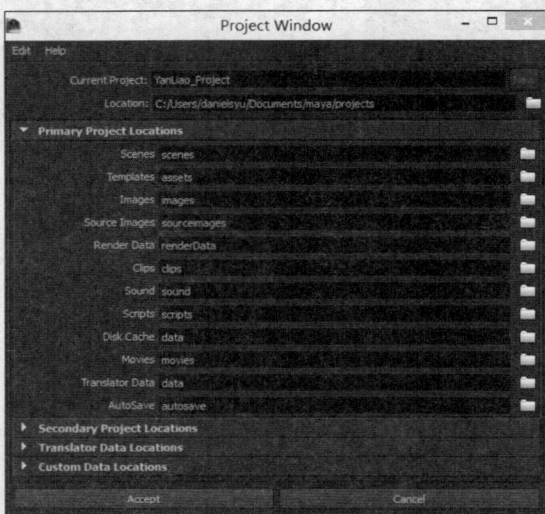

图 12.1

　　完成项目的创建以后，下一步就是导入参考图片。首先要把多边形创建里面的"交互式创建"的勾选去掉（如图 12.2 所示），如果不这样做，导入的图片就会出现拉伸或者位移。

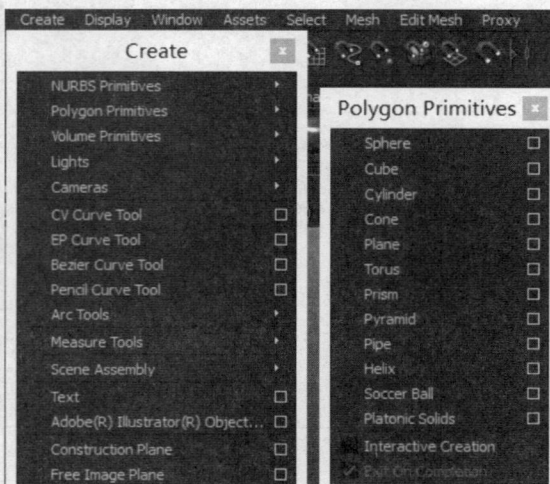

图 12.2

新建一个多边形平面，对段数进行修改（如图 12.3、图 12.4 所示）。如果不修改平面的段数，就会造成资源浪费。

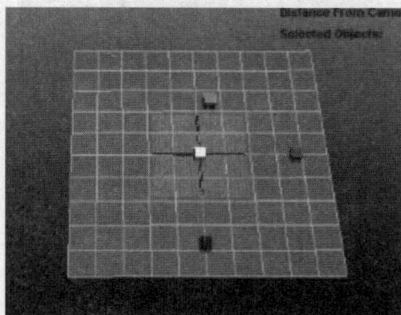

图 12.3

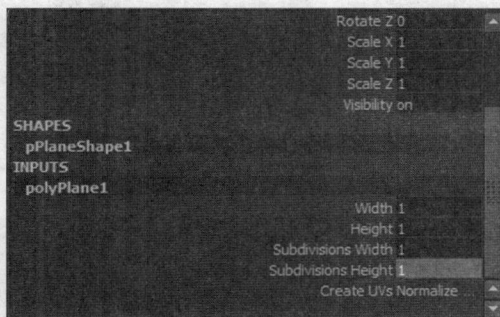

图 12.4

打开材质编辑器，创建一个新的材质球 Lambert，然后双击材质球，会出现材质球的属性界面，再点击 Color 属性后面的棋盘格，此时会出现一个创建节点的界面。选择创建 File 文件，材质球上会出现一个节点的链接，回到材质球的属性栏上，打开 Image Name 后面的小文件夹，就会出现一个文件路径，根据路径找到参考图并双击即可（操作步骤如图 12.5 至图 12.8 所示）。

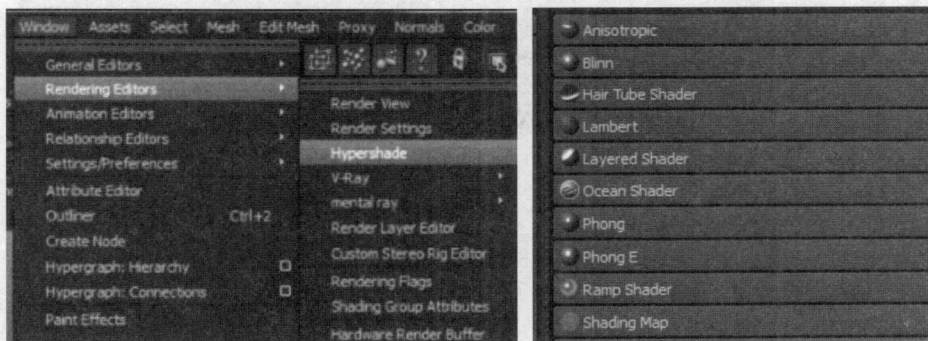

图 12.5

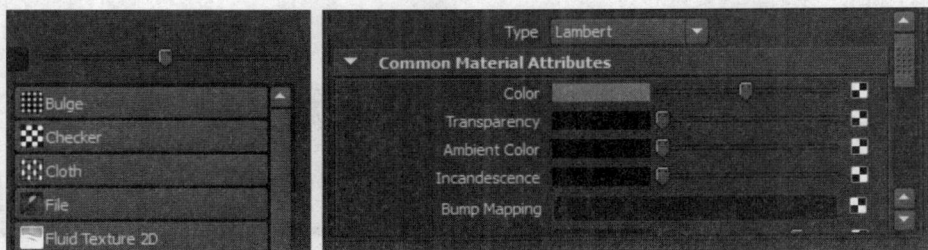

图 12.6

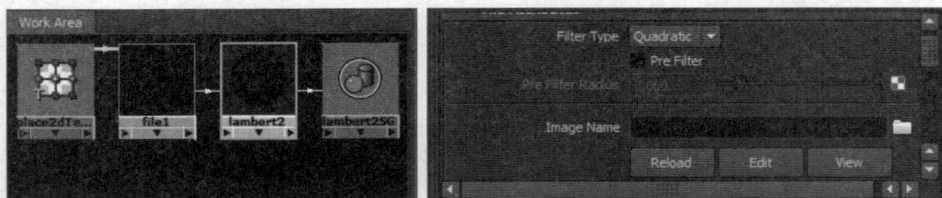

图 12.7

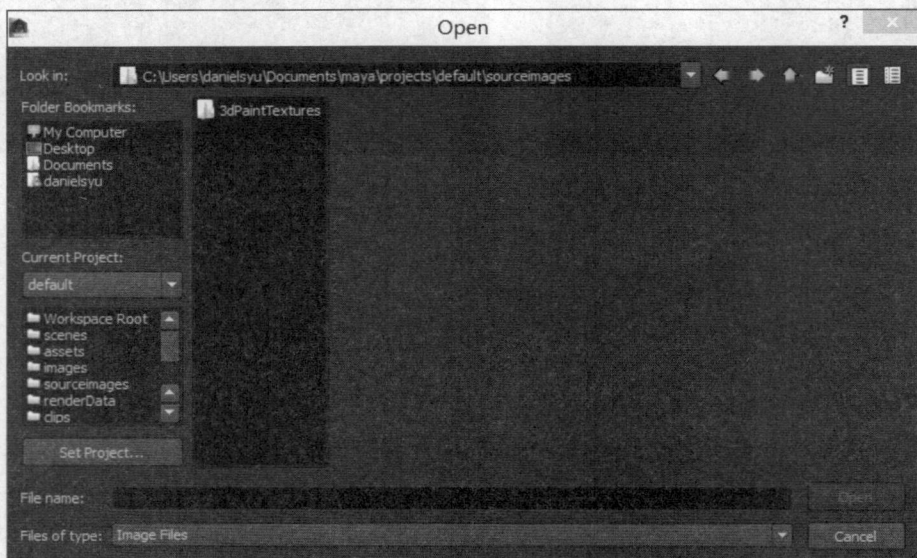

图 12.8

　　按键盘上的"6"键，就会显示出参考图，这时候可以发现参考图的对象发生拉伸。打开参考图的信息，记住参考图的长和宽，然后回到 Maya 软件，选择参考图模型，打开属性面板，调整平面的 Scale 数值，输入刚才记下的参考图的数值（如图 12.9、图 12.10 所示）。

图 12.9

图 12.10

　　下一步对参考图方向进行调整。调整好位置以后，新建一个图层，然后双击图层，对图层进行重命名。（如果不对图层进行重命名，当我们有十几个图层的时候，就需要一个一个去找，这样会影响工作效率，当别人接手该文件时也需要一个一个地查找，会影响到整个项目的进度。）选择参考图，然后在图层上点击鼠标右键，点击 Add Selected Objects，这样模型就会添加到图层内。最后点击图层上第二个正方形，空白为默认模式，T 为线框显示锁定，R 为实体锁定。锁定以后我们在制作模型的时候就不会因选择到参考图而影响工作（如图 12.11、图 12.12 所示）。

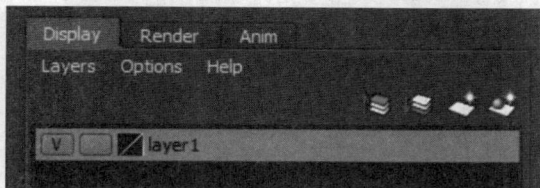

图 12.11

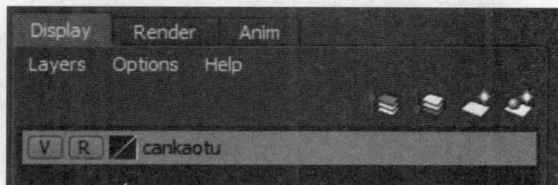

图 12.12

下一步进行模型制作。首先新建一个圆柱体，然后对圆柱体的顶部进行修改（如图 12.13、图 12.14 所示）。

图 12.13

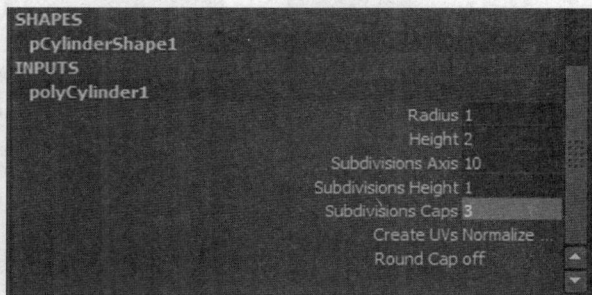

图 12.14

修改完成以后，对圆柱体的方向进行调整，然后点模型进入点的模式，对模型进行整体的修改（如图 12.15 所示）。

图 12.15

选择模型前端的点，然后按键盘上的"B"键，进入软选择模式。软选择对模型移动的位置产生一种比较好的过渡，按着"B"键的同时按住鼠标的左键，可以对软选择大小范围值进行控制（软选择黄色部分是受影响范围最大的，然后颜色会慢慢向外变淡直到消失，如果想解除软选择状态，再按一次"B"键即可）。效果如图 12.16、图 12.17 所示。

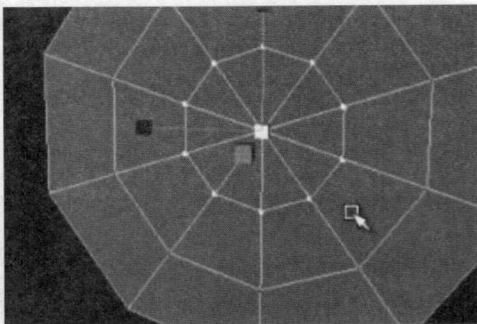

图 12.16

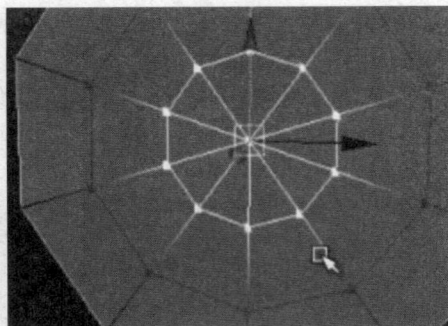

图 12.17

调整好软选择范围以后，对模型的前端进行调整。调整的时候发现模型会把参考图给遮挡住，我们可以通过选择 Maya 软件工作界面的 Shading 下拉菜单，把 X-Ray 显示勾选上，这样模型和参考图都会变成半透明状，方便观察调整（效果如图 12.18 至图 12.20 所示）。

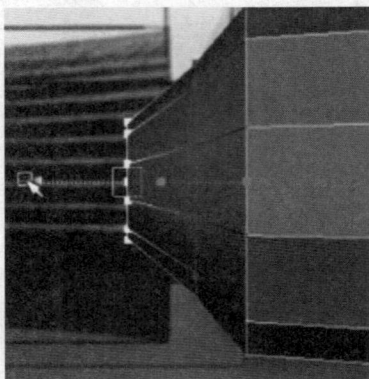

图 12.18

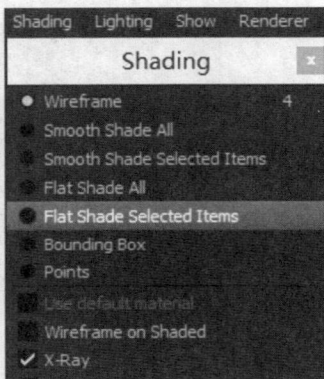

图 12.19

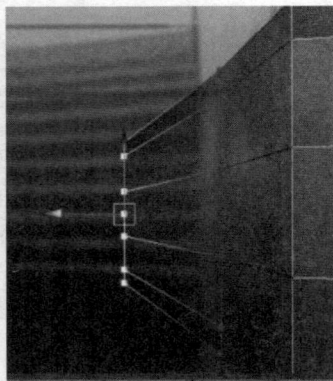

图 12.20

调整完前端以后，对模型的尾端也进行调整。选择尾端的点进行缩放调整，然后把模型变为用面的模式显示，选择底部的面，执行 Extrude 命令，把挤出的面和参考图进行对齐，变成点的显示，调整好位置（如图 12.21 至图 12.24 所示）。

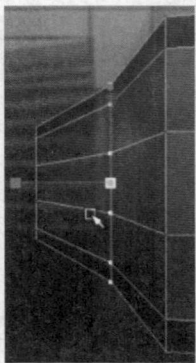

图 12.21

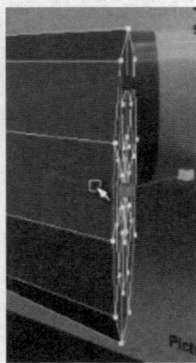

图 12.22

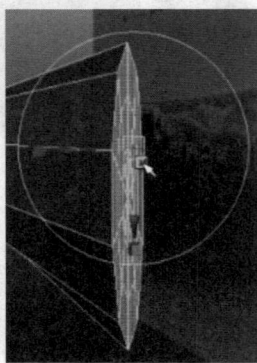

图 12.23

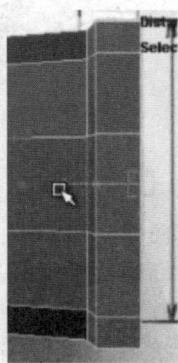

图 12.24

下一步对模型进行卡边。模型某些地方圆滑后会使造型产生比较大的变化，我们可以按一下键盘上的"3"键，试看圆滑后的模型效果，如果想要模型这些位置不产生较大的变化就需要进行卡边处理。在模型变化比较大的位置使用插入循环线命令，调整完后得到图 12.25、图 12.26 的效果。这样颜料主体部分的制作就暂时完成了。

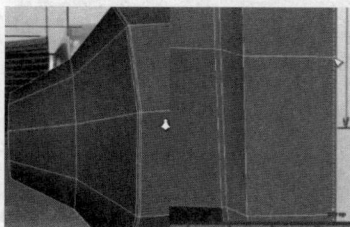
图 12.25

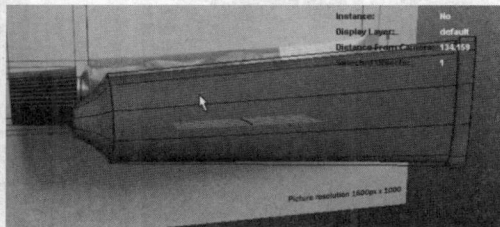
图 12.26

下一步对盖子部分进行制作。首先新建一个圆柱体，然后对圆柱体的大小及方向进行调整，最后对圆柱体的属性参数进行修改。修改完参数以后就可以进入前视图或者侧视图，根据参考图进行造型调整（如图 12.27、图 12.28 所示）。

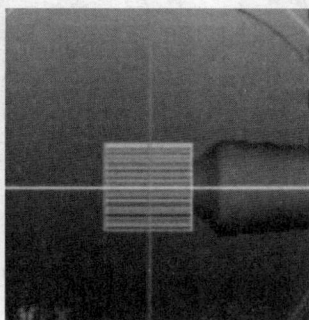
图 12.27

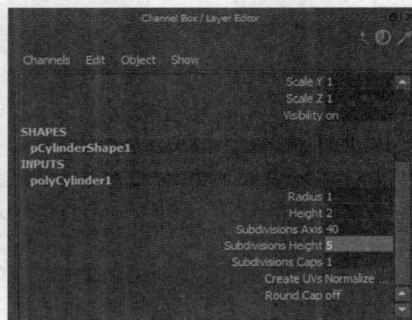
图 12.28

调整完盖子的大致形状后，对盖子的细节进行制作。把盖子变为用面的模式显示，然后选中侧面。选面的时候有几个比较快捷的方法：第一个是括选，但这种方式容易选到其他的面；第二个是通过笔刷工具进行加选，这种选择方法适合在选取的模型的面比较复杂的情况下使用；第三个是选中任意一个面然后按着"Shift"键加选旁边的面再双击，这样可以快速地选中要选的面（如图 12.29、图 12.30 所示）。

图 12.29

图 12.30

完成面的选取后，对选取的面执行 Extrude 命令，过程如图 12.31、图 12.32 所示。在上一个案例中，我们已经讲解了挤出面的时候，是否需要保持面的一致性问题，这里就不再重复讲解了。

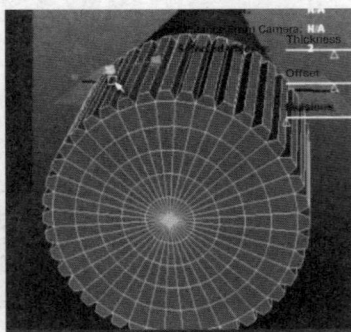

图 12.31

图 12.32

下一步对盖子的顶部进行制作。首先调整顶部的线段，然后选中其中要调整的面进行移动缩放调整（如图 12.33、图 12.34、图 12.35 所示）。

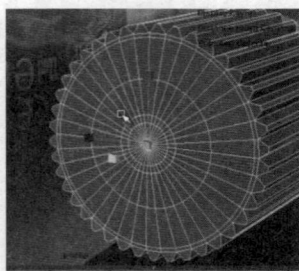

图 12.33

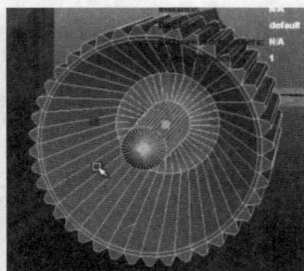

图 12.34

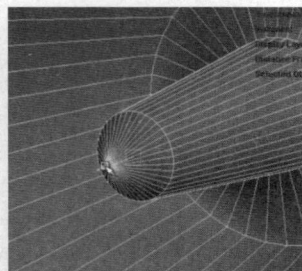

图 12.35

完成大体的调整后，再对模型进行圆滑显示观察，会遇到上面制作主体部分时一样的问题，我们需要对模型进行卡边处理（使用 Insert Edge Loop Tool 命令），保证模型的造型（如图 12.36 所示）。

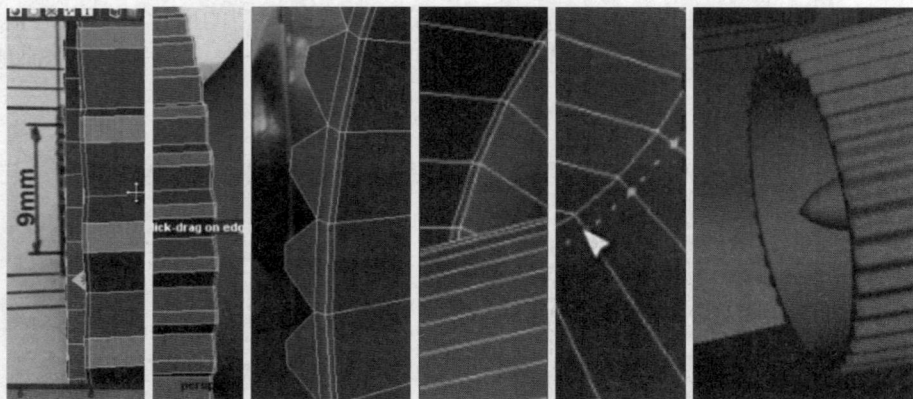

图 12.36

完成盖子的调整后，回到整体观察，观察一下模型哪里还有需要修改的地方并完成修改（如图 12.37 所示）。

图 12.37

下一步对模型进行 UV 的拆分。拆分 UV 的方法有很多种，由于我们第一次接触 UV 的拆分，就先使用一个比较简单的方法，只对有图案、颜色的部分进行 UV 的拆分。首先对颜料的主体进行选取，然后进行 UV 的自动映射（Automatic Mapping），操作步骤如图 12.38、图 12.39 所示，打开 UV 的编辑器得到图 12.40 的效果（Edit UVs – UV Texture Editor）。

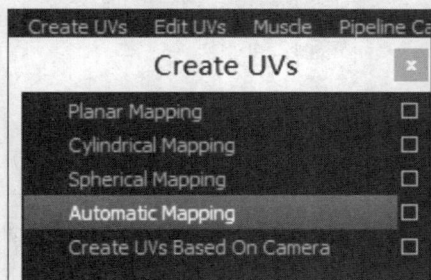

图 12.38

图 12.39

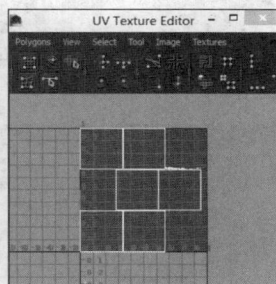

图 12.40

下一步观察 UV 剪开的部分。点击 UV 编辑器的蓝色线框小图标（如图 12.41 所示），然后再观察模型时就会发现模型多了一些实线，这些就是被剪开的 UV 边界（如图 12.42 所示）。

图 12.41

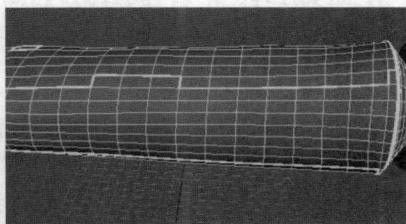

图 12.42

下一步把模型变为用线的模式显示，对中间需要制作贴图的部分进行选取，点击 UV 编辑器的缝合线并移动命令（如图 12.43、图 12.44 所示）。

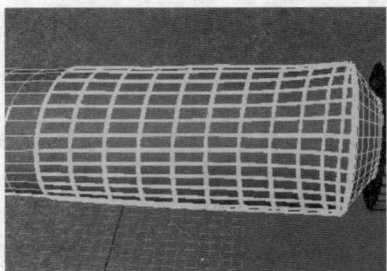

图 12.43

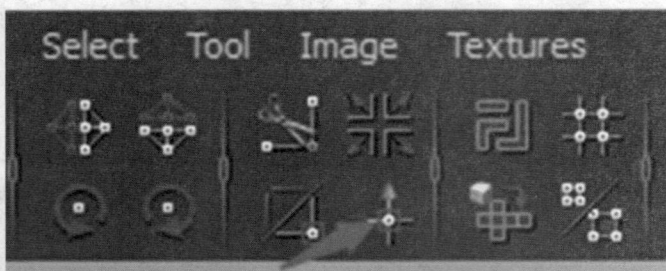

图 12.44

执行完命令以后会出现图 12.45 的效果，下一步我们对 UV 进行重新剪切（操作如图 12.46 至图 12.48 所示）。

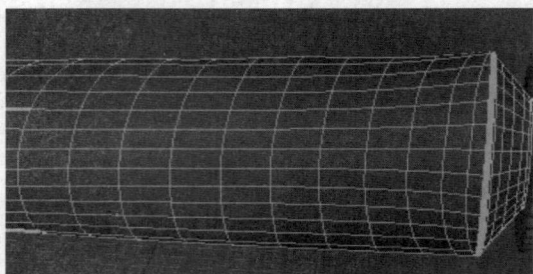

图 12.45

图 12.46

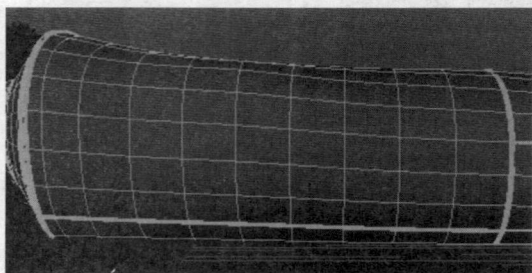

图 12.47

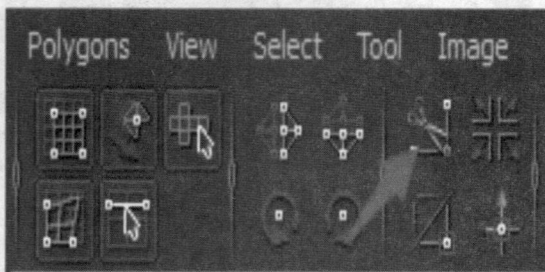

图 12.48

完成操作后，我们对有颜色的部分执行圆滑 UV，操作如图 12.49、图 12.50 所示，得到图 12.51 的效果。

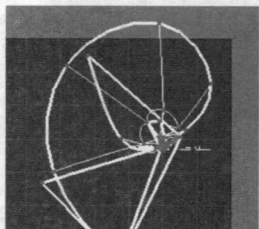

图 12.49

图 12.50

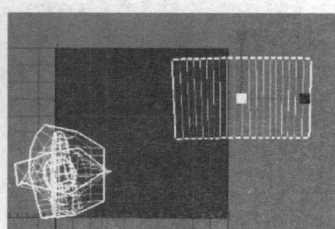

图 12.51

将这部分进行放大处理，由于这部分是我们主要表现的位置，所以在贴图上占用的地方也比较大，然后把剩余的 UV 位置进行摆放，只要不重叠就可以了（如图 12.52 所示）。

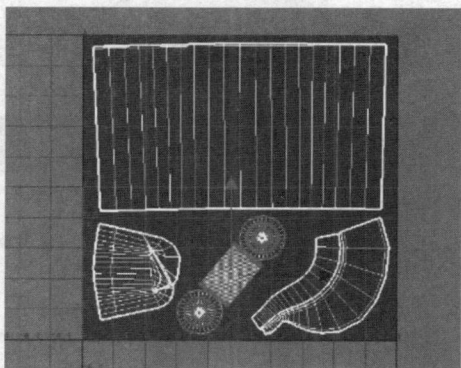

图 12.52

完成 UV 的拆分后，为了使场景更丰富，可以对颜料模型进行复制。为场景添加一个摄像机，调整摄像机像素框的大小，进入摄像机视图，摆放好位置后锁定摄像机。最后为场景创建面光源，并调整好光源的位置（如图 12.53、图 12.54 所示）。

图 12.53

图 12.54

下一步进行渲染测试，对灯光的强度进行调节。具体的参数可以自己进行测试，因为面光源的数值与它的大小和距离都有关系，所以没有一个准确的数值（效果如图 12.55 所示）。

图 12.55

完成灯光的测试以后，下一步进行材质的制作。这里使用 mental ray 渲染器进行渲染，所以制作的材质也需要使用 mental ray 的材质，此处依旧使用 mental ray – Materials – mia_material_x 材质球。打开材质编辑器，新建一个 mia_material_x 材质球，为了后期的管理方便，我们需要对材质球进行重命名，只要对材质球进行双击就会弹出对话框，输入需要改写的名字即可。场景中有三种不同材质，所以需要创建三个材质球并命名，然后将材质球赋予物体（如图 12.56、图 12.57 所示）。

图 12.56

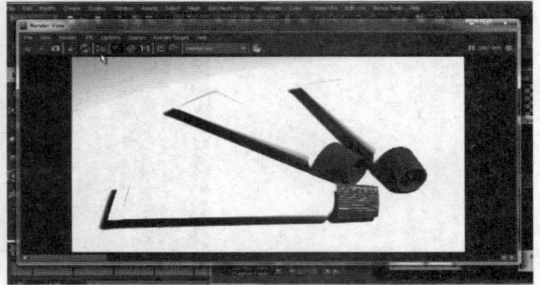
图 12.57

添加完成后，下一步对场景的背景面进行材质制作。首先打开 2D Textures，找到 Cloth 的纹理贴图进行创建（如图 12.58、图 12.59 所示）。

图 12.58

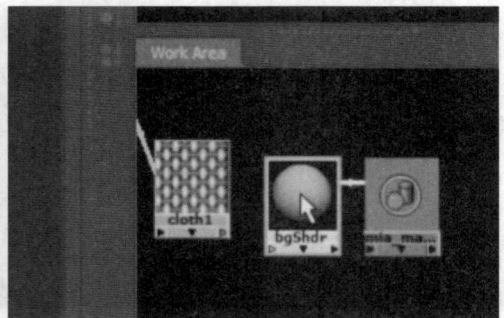
图 12.59

点击一下材质球，在材质球的属性面板中找到 Bump，打开会有一项 Overall Bump，再用鼠标中键选中 Cloth 的纹理节点，拖动到 Overall Bump，然后放手就会出现 Bump 的节点连接于材质球与纹理节点之间（如图 12.60、图 12.61 所示）。

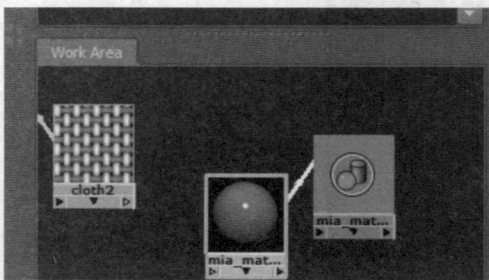
图 12.60

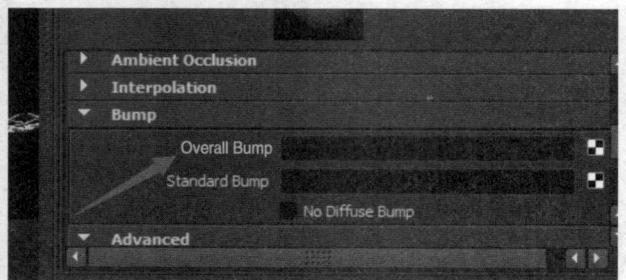
图 12.61

对 Bump 的深度进行调整，改为 0.010（如图 12.62、图 12.63 所示）。

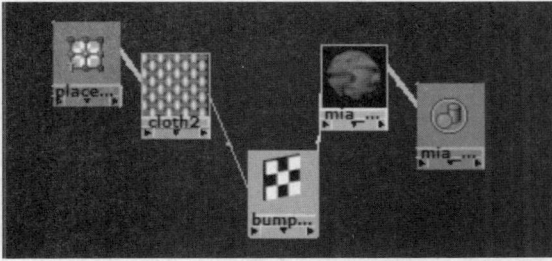
图 12.62

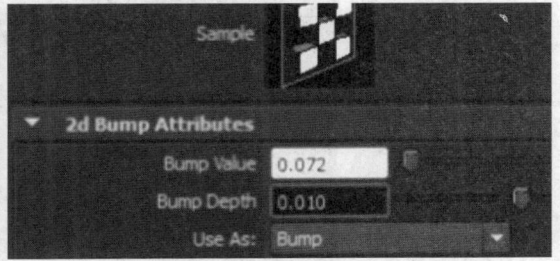
图 12.63

对场景进行渲染测试，可以发现场景的地面出现了比较明显的凹凸纹理（效果如图 12.64 所示）。

图 12.64

下一步制作颜料的贴图。首先导出已经拆分好的 UV 贴图，在 UV 编辑器里打开 Polygons 下拉菜单，选择 UV Snapshot，弹出对话框后，在 File name 中选择需要保存文件的路径，然后设置 UV 的 Size 即 UV 的大小（一般设置像素的大小都以倍数递增，如 512、1024、2048 等，一般贴图的大小以 2048 比较合适，如果使用 4096 会比较占用资源）。选择保存的格式为 tga，最后点击 OK 保存即可（如图 12.65、图 12.66 所示）。

图 12. 65

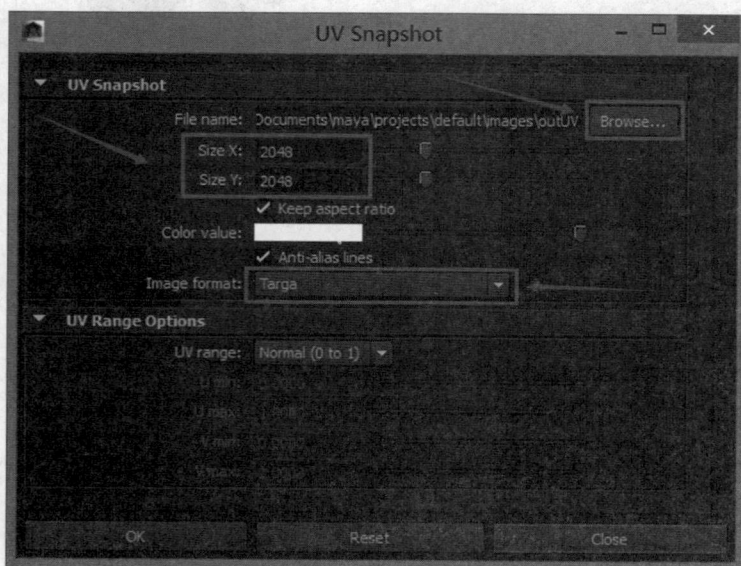

图 12. 66

下一步在 Photoshop 中打开 UV 贴图，新建一个图层（如图 12.67 所示），双击图 12.68 中的小锁把 UV 贴图进行解锁。

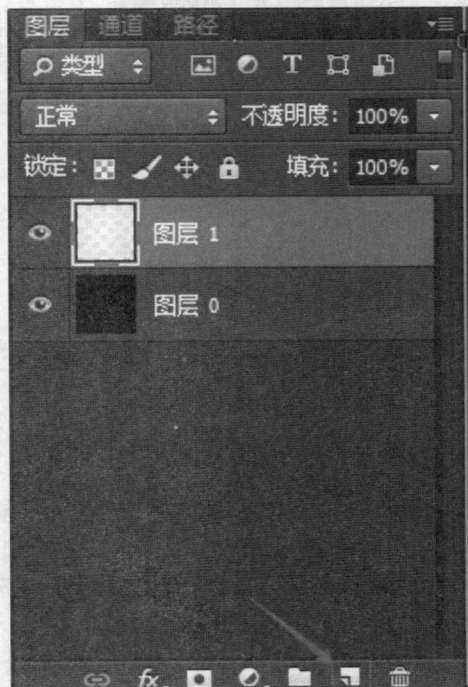
图 12.67

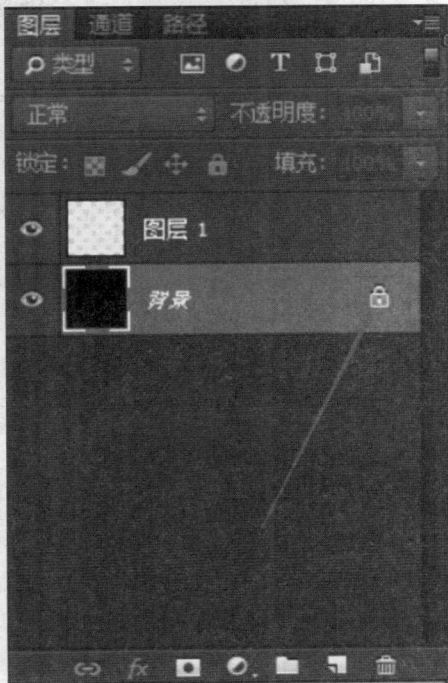
图 12.68

把图层的位置上下翻转，选择 UV 贴图的图层，点击通道栏，选择 Alpha 1 通道，然后点击复制，把复制的内容粘贴到新建的图层上，再新建一个图层，用油漆桶工具填充底色（如图12.69 至图 12.71 所示）。

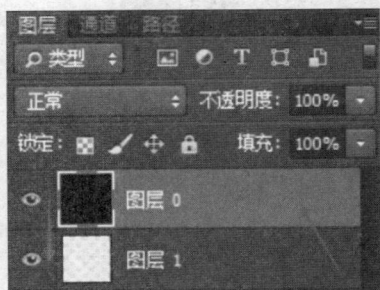
图 12.69

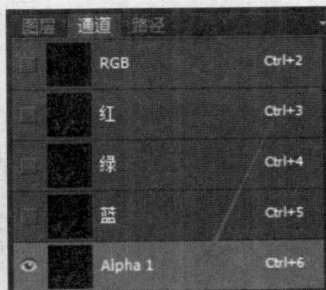
图 12.70

图 12.71

完成以上操作后，就可以对贴图添加颜色和文字图案了。完成添加后，把文件用 psd 格式保存一份，这个是 Photoshop 编辑格式，方便进行二次编辑。再用 jpg 格式保存一份，方便其在Maya软件中的贴图运用（如图 12.72 所示）。

Fakkkieskfaj

gjajajogawow

文字添加

颜色添加

图 12. 72

下一步回到 Maya 软件，打开材质编辑器，在 2D Textures 中找到 File 文件节点进行创建，点击 File 文件节点后，在属性面板中找到 Image Name 的小文件夹打开（如图 12.73、图 12.74 所示）。在路径中找到 Photoshop 中编辑的颜色贴图进行连接，单击材质球，用鼠标中键选中 File 文件节点，拖动到 color，放手就会出现 color 的节点连接于材质球与纹理节点之间。

图 12. 73

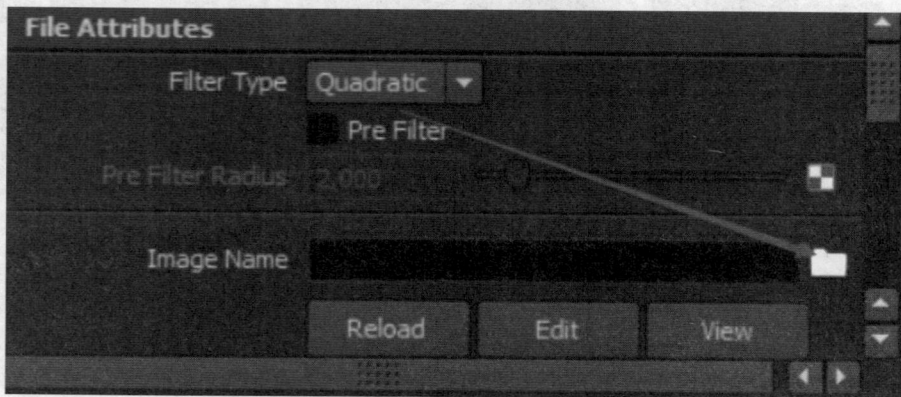

图 12. 74

添加完成就会出现如图 12.75、图 12.76 的效果，然后点击渲染进行观察。考虑到场景效果，我们可以替换掉其中一些颜料的颜色，使画面更加丰富。

图 12.75

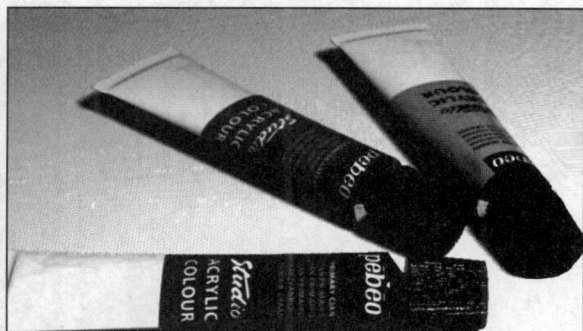

图 12.76

最后为了使画面效果更好，我们可以对模型的细节进行调整。首先转到动画模块，选中模型后再创建一个晶格变形器，调整晶格变形器的段数后对晶格点进行移动（如图 12.77 至图 12.79 所示）。

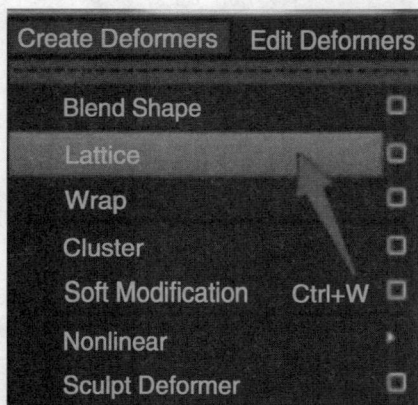

图 12.77

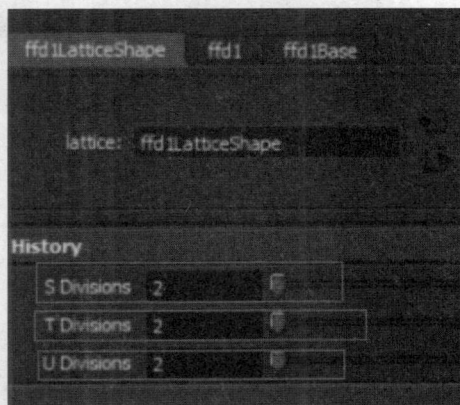

图 12.78

图 12.79

调整完颜料的位置后，可以删除晶格变形器。晶格变形器不可以直接删除，需要在 Edit 的下拉菜单中找到 Delete by Type 的 History 删除历史记录（如图 12.80 所示）。这样就可以删除晶格变形器而不影响模型。

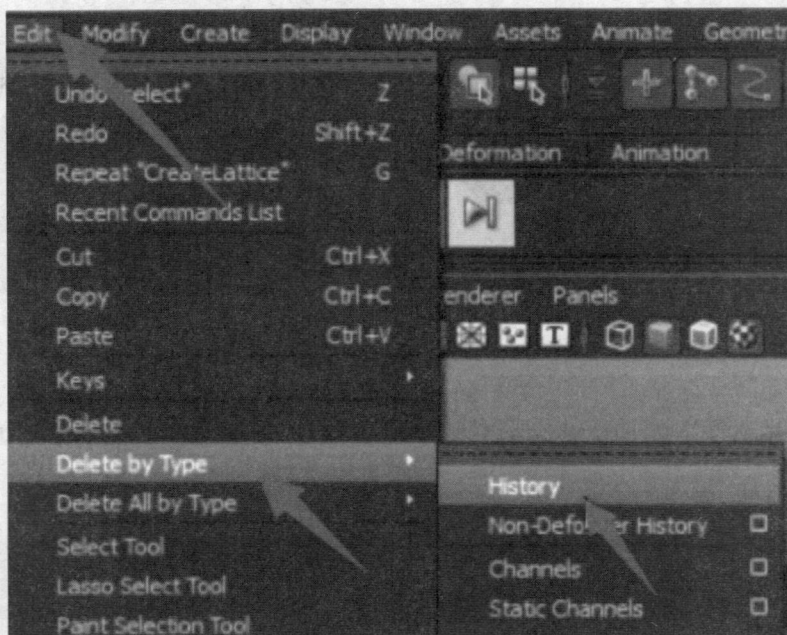

图 12.80

接着对模型进行细化，添加模型的循环线。点击 Insert Edge Loop Tool 命令后的小正方形，调整添加的段数 Number of edge loops（如图 12.81、图 12.82 所示）。

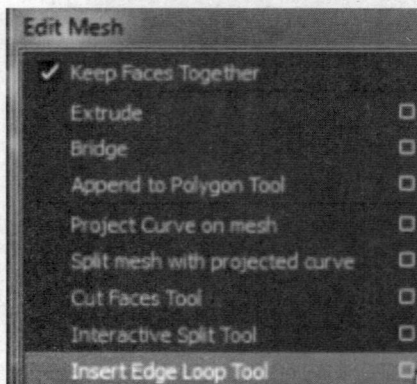

图 12.81

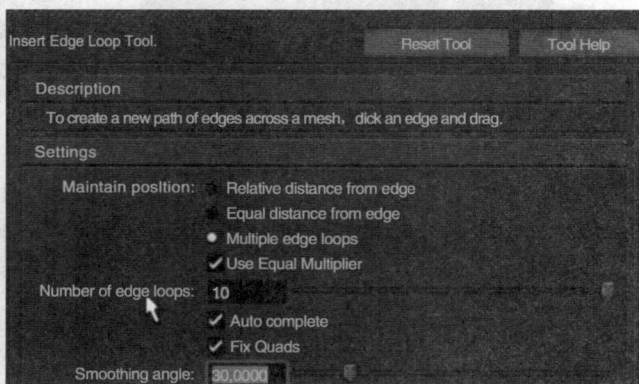

图 12.82

下一步再添加一个晶格变形器，并修改晶格变形器的段数，在工作窗口调整模型的造型，效果满意后就可以删除晶格变形器（如图 12.83 至图 12.85 所示）。

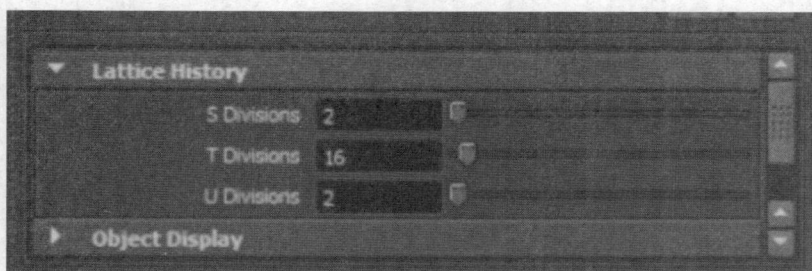

图 12.83

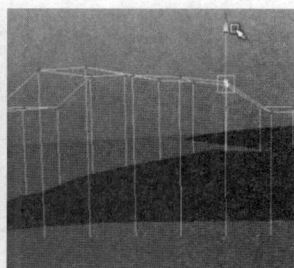

图 12.84

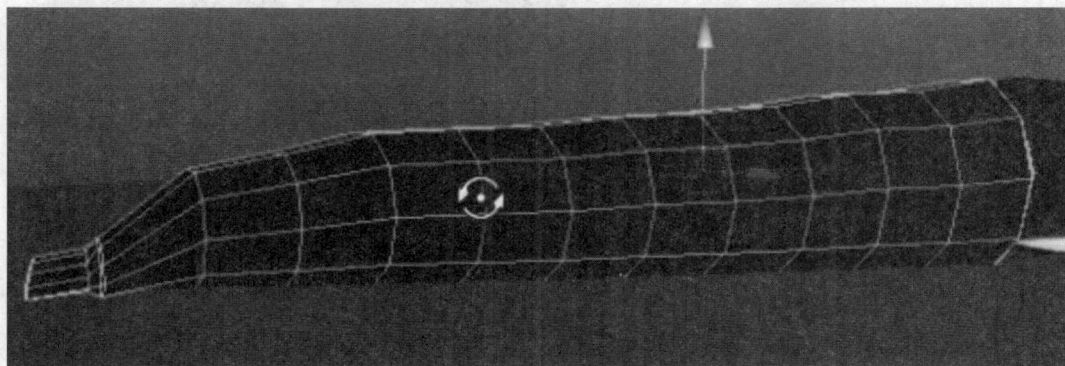

图 12.85

　　最后为了让模型的质感更强，可用点的模式显示模型，然后对点进行选择，变为软选择状态，进行随意移动，让模型的造型更丰富（如图 12.86 所示）。

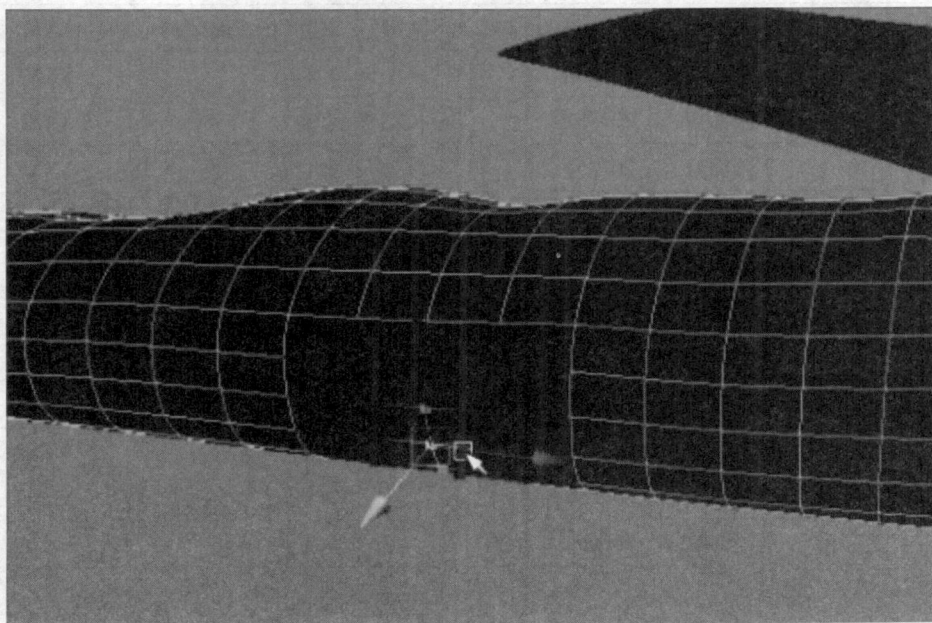

图 12.86

完成模型的调整后，进行渲染，得到最终效果（如图 12.87 所示）。

图 12.87

课堂练习

根据参考列表，填写自己的项目进程表格。

表 12 - 1　三维校园互动模型制作素材列表

模型		精模	简模面数	模型时间	贴图时间	人员	备注	贴图修改检查	模型导出
3 号楼	楼	不限面数	4 000 ~ 6 000	100 天	4 天	学生	镜头路线待定	XXX	XXX
6 层课室	墙	不限面数	20 ~ 50	2 天	4 天	学生	45°角预演染（重播室内物体，把课室特征物放大）	XXX	XXX
	门	不限面数	20 ~ 51			学生		XXX	XXX
	窗 1	不限面数	20 ~ 52			学生		XXX	XXX
	窗 2	不限面数	20 ~ 53			学生		XXX	XXX
	黑板	不限面数	20 ~ 54			学生		XXX	XXX
	桌子	不限面数	20 ~ 55			学生		XXX	XXX
	椅子	不限面数	20 ~ 56			学生		XXX	XXX
	讲台	不限面数	20 ~ 57			学生		XXX	XXX
	电视机	不限面数	20 ~ 58			学生		XXX	XXX
	投影仪	不限面数	20 ~ 59			学生		XXX	XXX
	音箱	不限面数	20 ~ 60			学生		XXX	XXX

（续上表）

模型		精模	简模面数	模型时间	贴图时间	人员	备注	贴图修改检查	模型导出
地形	校道	不限面数	20~100	5天	5天	学生	需要实地考察，修正建筑差距	XXX	XXX
	校门	不限面数	100			学生		XXX	XXX
	车库入口	不限面数	20			学生		XXX	XXX
	地形	不限面数	200			学生		XXX	XXX
	门牌	不限面数				学生		XXX	XXX
半山公寓		不限面数	20	0.5天	0.5天	学生		XXX	XXX
宝马培训基地		不限面数	20	1天	1天	学生		XXX	XXX
东方标志实训楼		不限面数	20	0.5天	0.5天	学生		XXX	XXX
汽修实训楼		不限面数	20	0.5天	0.5天	学生		XXX	XXX
物流实训楼		不限面数	20	0.5天	0.5天	学生		XXX	XXX
沙太2号楼		不限面数	20~80	2天	1天	学生		XXX	XXX
1号楼		不限面数	200~500	5天	2天	学生		XXX	XXX
学生活动中心		不限面数	20	0.5天	0.5天	学生		XXX	XXX
乒乓球馆		不限面数	50	1天	1天	学生		XXX	XXX
三号饭堂		不限面数	50	0.5天	0.5天	学生		XXX	XXX
6号宿舍楼		不限面数	120	1天	1天	学生		XXX	XXX
发电站		不限面数	10	0.5天	0.5天	学生		XXX	XXX
物流馆		不限面数	6	0.5天	0.5天	学生		XXX	XXX
门卫室		不限面数	10	0.5天	0.5天	学生		XXX	XXX
物业		不限面数	6	0.5天	0.5天	学生		XXX	XXX

表12-2 素材列表

模型	精模	简模	模型制作时间	贴图时间	人员	备注	模型修改	UV拆分	贴图修改	模型导出

13   次世代电波仪

　　本章节讲述次世代电波仪效果图的制作方法。在制作前要先把创建好的模型进行 UV 拆分，然后检查模型的法线是否发生翻转。

　　首先在 Photoshop 中打开高清参考图，然后使用多边形套索工具把按钮部分提取出来。套索完成后，点击命令栏上的选择下拉菜单的反选命令，再按"Delete"键，把多余的部分去掉（效果如图 13.1、图 13.2 所示）。

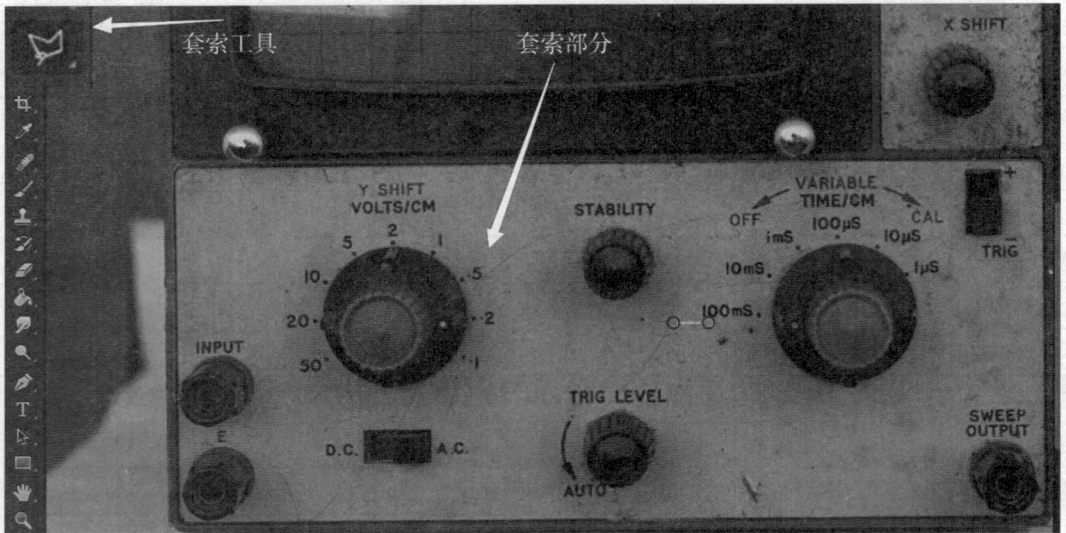

图 13.1

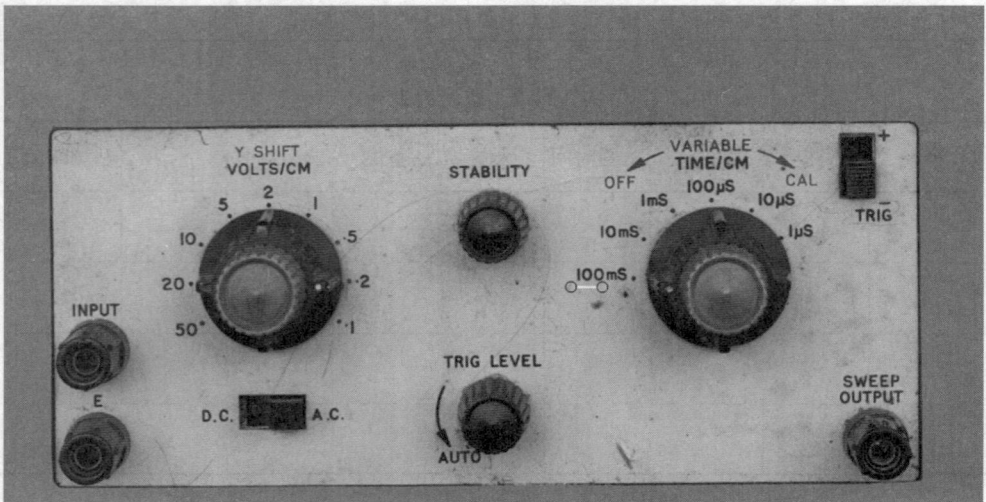

图 13.2

接着是把图片上的红色按钮部分除去。首先使用仿制图章工具在空白纹理处点击一下，然后再对按钮处进行涂抹（如图 13.3 至图 13.5 所示）。

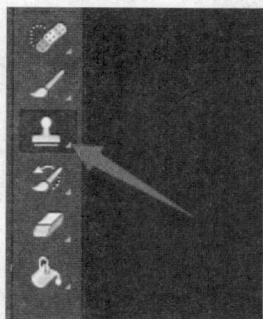

图 13.3

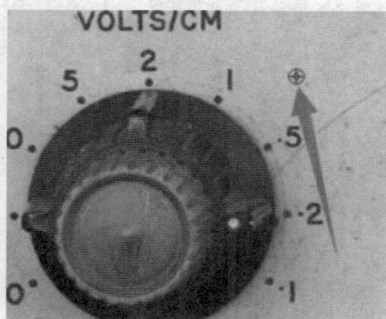

图 13.4

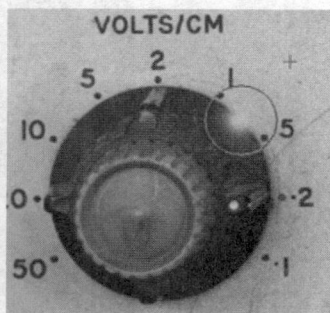

图 13.5

持续涂抹直到把红色按钮除去（如图 13.6、图 13.7 所示）。

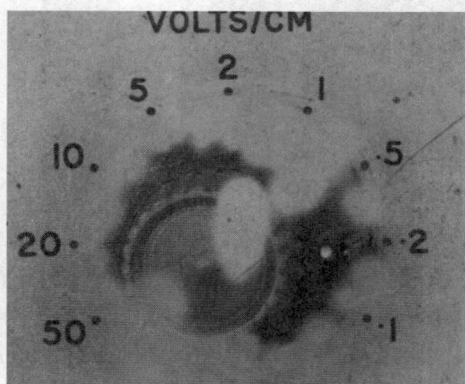

图 13.6

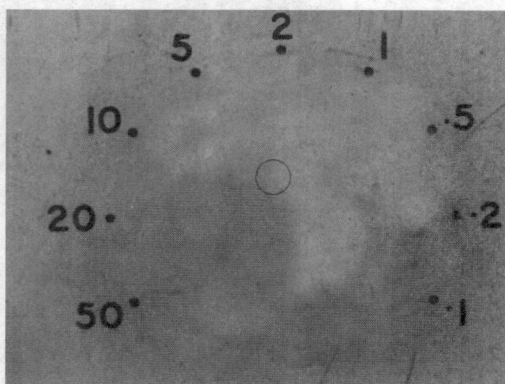

图 13.7

其他的位置也使用同一方法，直到达到图 13.8 的效果为止。

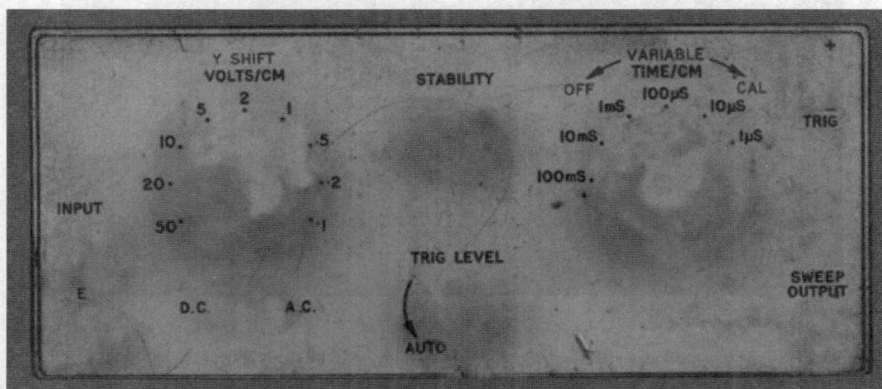

图 13.8

对贴图其他的按钮使用同样的方法处理，得到图 13.9 的效果。

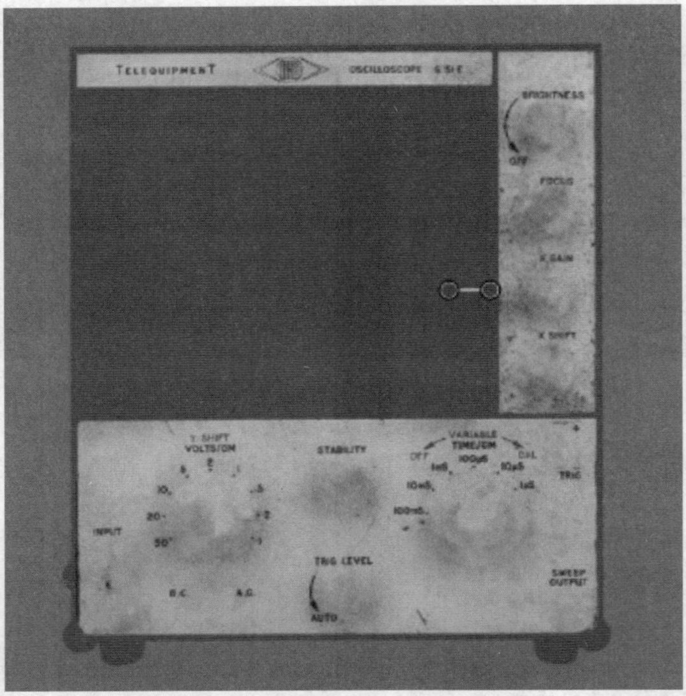

图 13.9

　　完成贴图以后，为场景创建灯光及摄像机，然后设置摄像机的角度并进行渲染以保存图片（格式为 tga）。为了使场景物体更有厚重感，同时为使阴影过渡更为自然，我们需要制作一张 AO 环境贴图。首先打开材质编辑器，在 Maya 软件的材质球中找到 Surface Shader 的材质进行创建，然后在 mental ray 材质球中找到 mib_amb_occlusion 环境贴图节点进行创建（或者可以在搜索栏上输入"occ"，这样会更快找到命令），操作过程如图 13.10、图 13.11 所示。

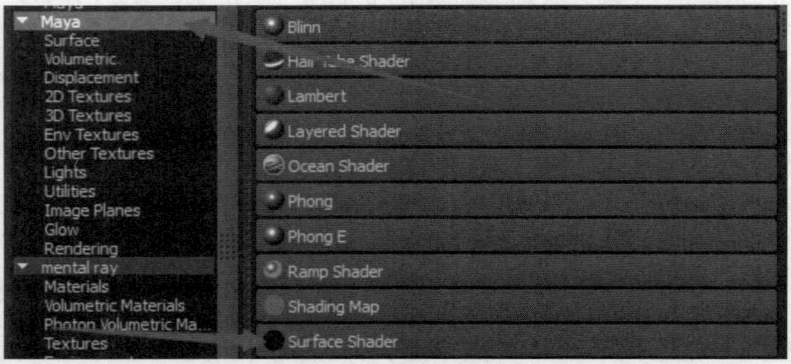

图 13.10

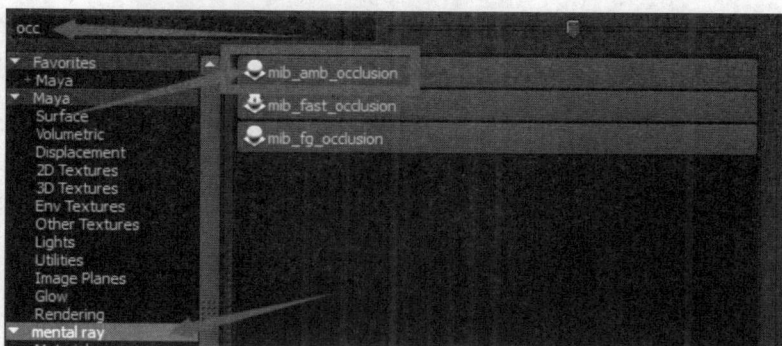

图 13.11

把 mib_amb_occlusion 的节点与 Surface Shader 材质球进行默认链接。用鼠标中键点击 mib_amb_occlusion 节点指向 Surface Shader 材质球，然后选 Default 完成链接，最后双击"occ"材质节点。这时可以根据实际情况调节参数（如图 13.12、图 13.13 所示）。

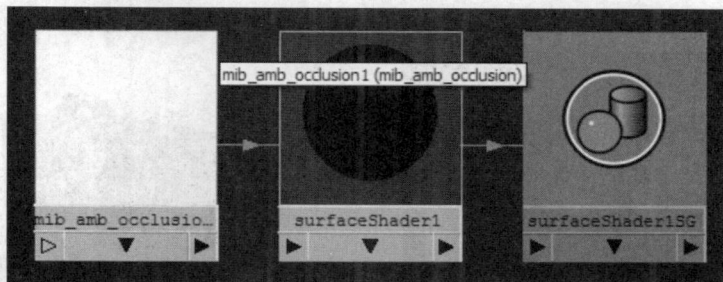

图 13.12

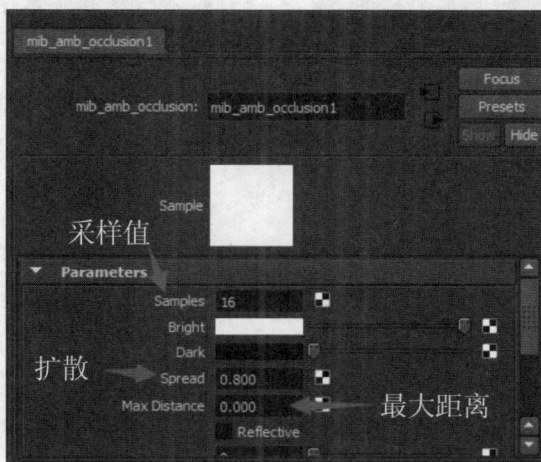

图 13.13

下一步可以进行渲染并保存图片（格式为 tga）。在 Photoshop 中打开两张图片，首先对图片做栅格化处理，如果不做栅格化处理，图片是不能够进行编辑的（如图 13.14、图 13.15 所示）。

图 13. 14

图 13. 15

最后调整图片的位置。把 AO 贴图放在上层，color 贴图放在下层，然后选中 AO 贴图，设置图层混合模式为正片叠底。如果效果太暗，可以调整 AO 贴图的透明度，若调整后图片中部分效果还是比较暗，可以减淡工具对 AO 的调整，这样图片的整体效果会更好（如图 13.16、图13.17 所示）。

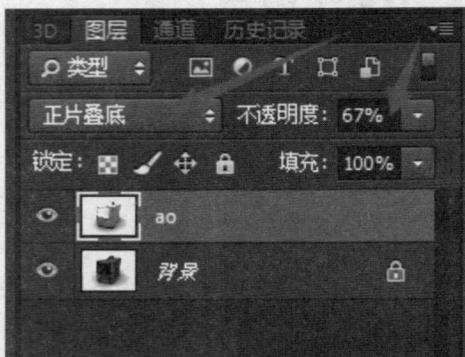

图 13. 16

图 13. 17

14 Unfold 3D 软件的使用技巧

Unfold 3D 是一个独立的软件，它能够支持 obj 文件格式，所以能和主流的 3D 软件完美结合，下面简单介绍下 Unfold 3D 软件的操作界面。启动 Unfold 3D 之后，可看到图 14.1 的界面。

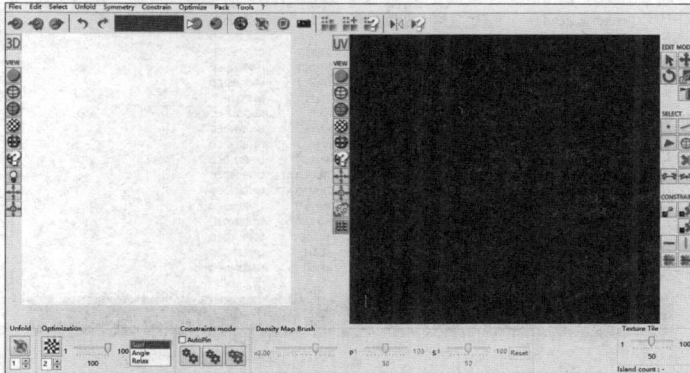

图 14.1

图 14.1 中 Unfold 3D 软件有两个窗口视图，左边是 3D 物体的 3D 视图，右边是 UV 视图，上面是菜单工具栏。导入需要的 obj 文件，打开 Files 文件下拉菜单找到 Load Obj，就能开始工作。拆分 UV 前第一步要做的就是把文件先保存一次，具体操作如图 14.2 所示。

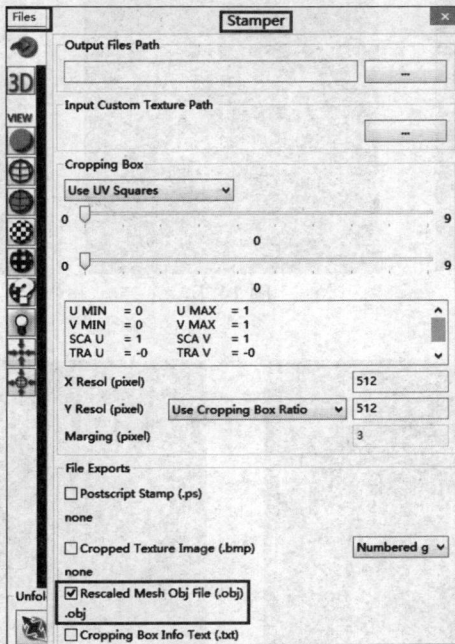

图 14.2

为了方便操作，我们需要对 Key And Mouse Mapping 进行修改。先选择 Edit 下拉菜单的 Key And Mouse Mapping，把 Load presets 改为 Autodesk Maya，这样我们在 Unfold 3D 里的操作就和 Maya 里的操作同步了（如图 14.3 所示）。

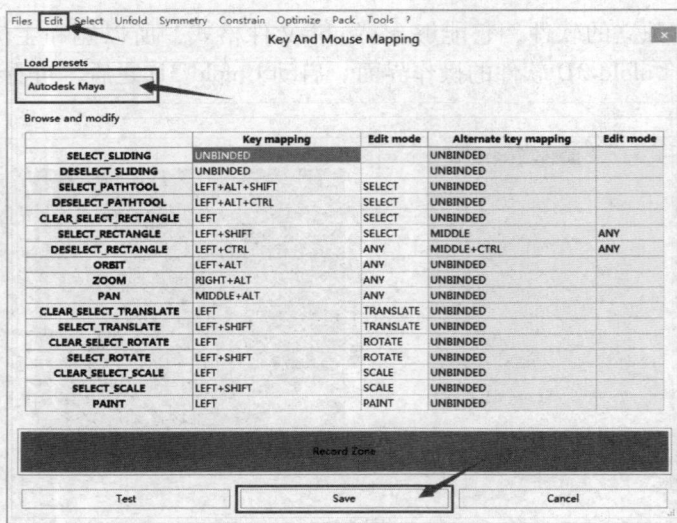

图 14.3

接下来介绍常用的工具。图 14.4 左边第一个图标是工作区域全屏模式切换工具，下面 5 个图标是 5 种显示模式，具体效果如图 14.4 至图 14.8 所示。

　　　　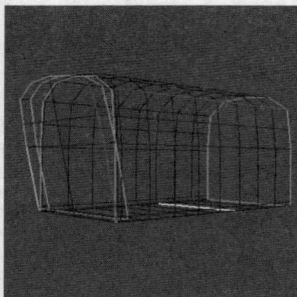　　　　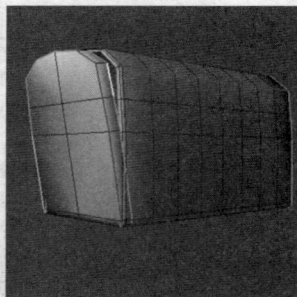

图 14.4　　　　　　　图 14.5　　　　　　　图 14.6

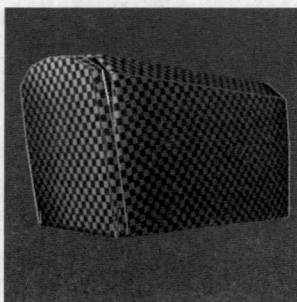　　　　　

图 14.7　　　　　　　图 14.8

下面介绍模型编辑工具，第一个是"选择工具" ![icon]，第二个是"移动工具" ![icon]，第三个是"旋转工具" ![icon]，第四个是"缩放工具" ![icon]，这些工具在此处的操作和在 Maya 软件中是极为相似的。

再下面是模式选择工具，第一个是"点选择模式" ![icon]，第二个是"线选择模式" ![icon]，第三个是"面选择模式" ![icon]，第四个是"物体选择模式" ![icon]。

一般我们都是使用线的模式进行 UV 的切割。只需选择模型要切割的线，然后点击"切割工具" ![icon] 即可。有切割就会有缝合，如果在操作中想把切割的位置给缝合上，只需选择"缝合工具" ![icon] 就可以了。

当我们完成模型的切割以后就可以对 UV 进行展开，点击图标"![icon]"即可，得到的效果如图 14.9 所示。

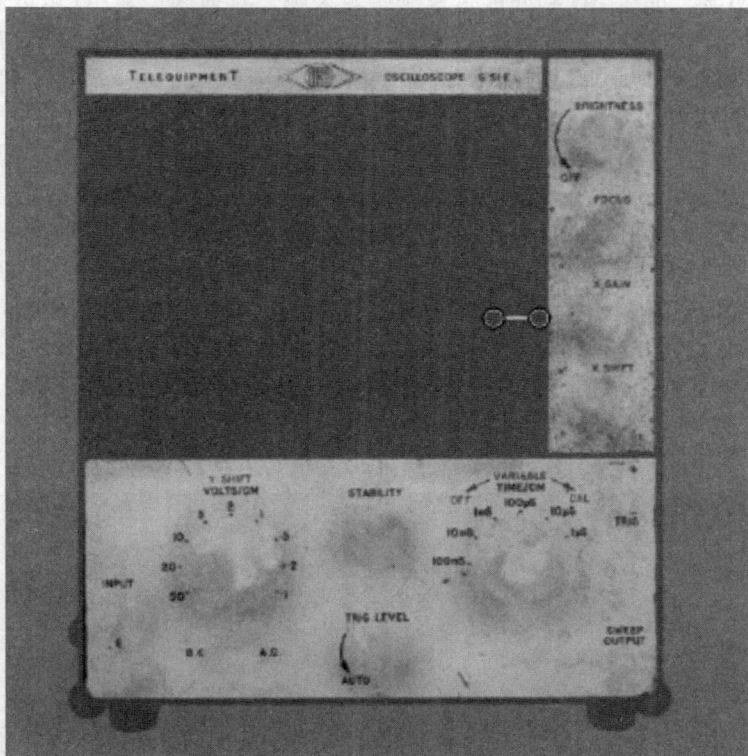

图 14.9

有些模型放的位置不理想，可以回到 Maya 软件里进行细调，至此我们在 Unfold 3D 软件里的工作就完成了，导出文件为 obj 格式，这样会大大提高我们的工作效率并减低 UV 拆分的难度。

15 次世代游戏贴图制作

AO 贴图和法线贴图是现在游戏中应用最多的一种方法。由于硬件条件有限，游戏模型的面数受到了很大的限制，而在市场竞争激烈的环境下，没有好的画面是很难满足玩家需求的，所以 AO 贴图和法线贴图很好地解决了这一缺陷，使游戏能流畅地运行而不失画面的精度。

AO – Ambient Occlusion，即"环境吸收"或者"环境光吸收"，它提供了非常精确和平滑的阴影。在最终渲染后有多种方法来合成这些阴影，从而在真正意义上改善图像。AO 主要能改善阴影，给场景更多的深度，真正有助于更好地表现出模型的所有细节。

通俗来讲就是：AO 不需要任何灯光照明，以其独特的计算方式吸收"环境光"（同时吸收未被阻挡的"光线"和因光线阻挡而产生的"阴影"），从而模拟全局照明的效果。它主要是通过改善阴影来更好地显示图像细节，尤其在场景物体很多，到处阻挡光线导致间接照明不足时，AO 的作用会更加明显。那么 AO 到底能带来哪些效果呢？具体来说，AO 可以解决或改善漏光、飘和阴影不实等问题，解决或改善场景中缝隙、褶皱与墙角、角线以及细小物体等表现不清晰的问题，综合改善细节尤其是暗部阴影，增强空间的层次感、真实感，同时加强和改善画面明暗对比，增强画面的艺术性。

法线贴图是一种利用含有法线信息的纹理来制作低多边形模型的方法。凹凸贴图（Bump）与之有着相似的概念，但是法线贴图的优势在于，即使在灯光位置和模型角度改变的情况下，依然可以得到正确的 shading，从而为低多边形模型带来更多的细节效果。

凹凸贴图通常使用单通道图像（灰度图像）来体现法线信息，而法线贴图使用多通道图像（RGB）来体现法线信息。凹凸贴图改变的是法线向量的大小，而法线贴图能同时改变法线向量的大小和方向。下面我们介绍如何在 Maya 软件中制作法线贴图。

首先我们需要准备好两个模型，一个精模，一个简模，在简模的表面可以有很多细节（如图 15.1 所示）。

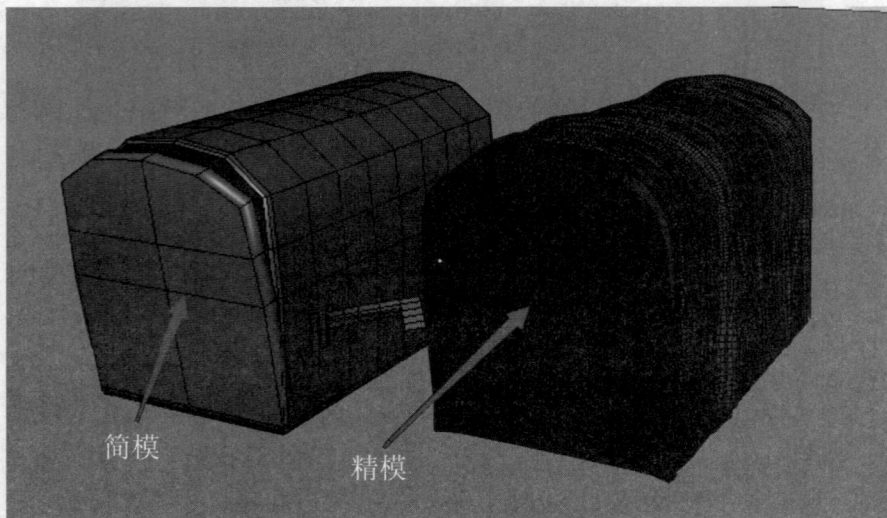

简模

精模

图 15.1

然后对简模进行 UV 的拆分，精模不需要进行 UV 的拆分（如图 15.2、图 15.3 所示）。

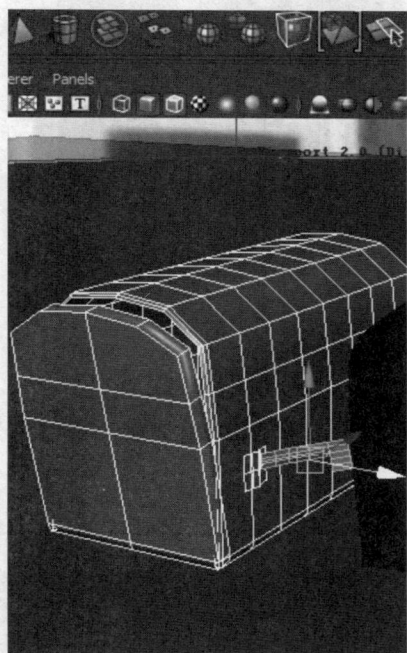

图 15.2

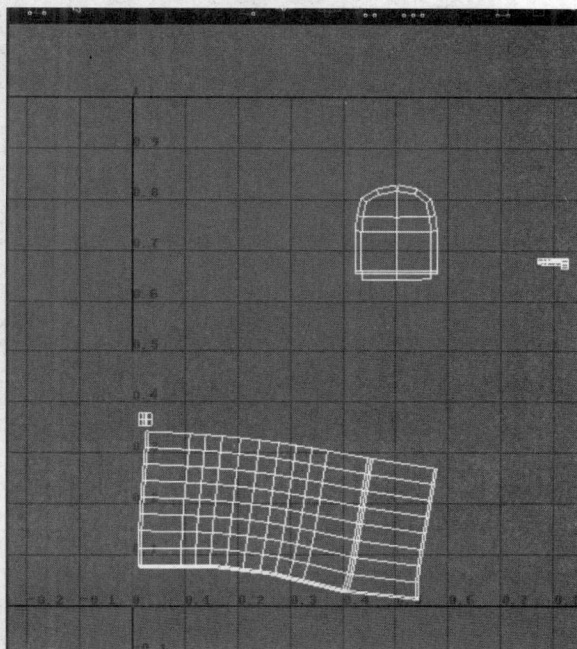

图 15.3

把模块转换为 Rendering（如图 15.4 所示），然后在 Lighting/Shading 的下拉菜单中找到 Transfer Maps 并打开（如图 15.5 所示）。

图 15.4

图 15.5

打开以后会弹出如图 15.6 的窗口。设置 Target Meshes 为简模，Source Meshes 为精模，分别在 Outliner（Maya 大纲）中选择相应的模型，使用 Add Selected 按钮添加。如果添加错误，点击 Clear All 把错误的模型清除就可以了（如图 15.7 所示）。

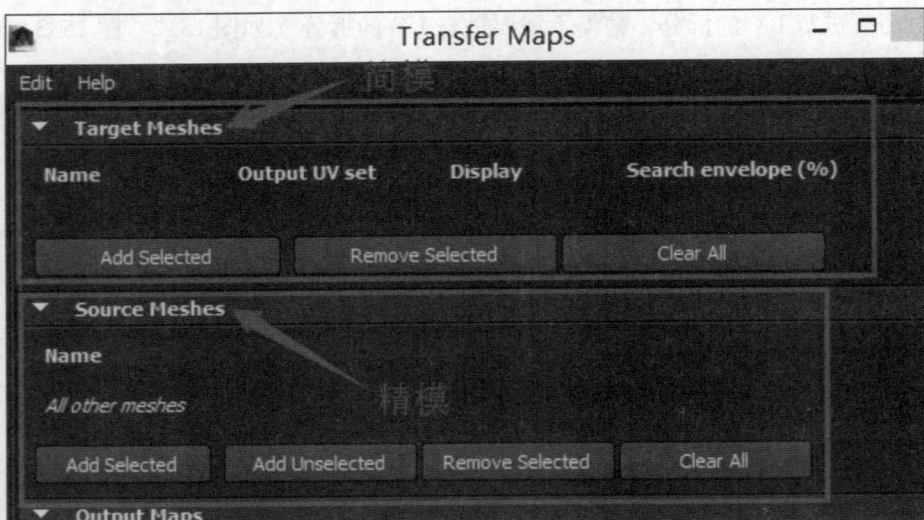

图 15.6

图 15.7

单击 Output Maps 标签下的 Normal 和 Ambient，选择输出法线贴图和环境贴图（如图 15.8 所示）。

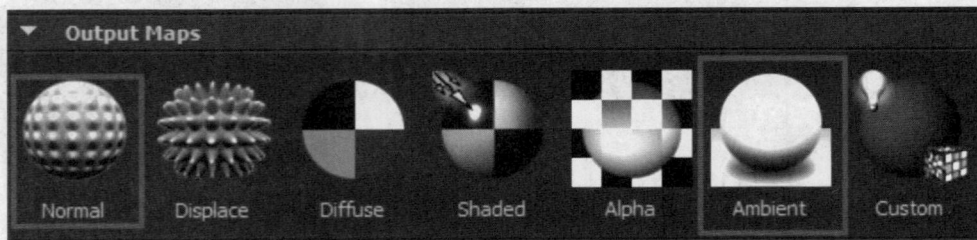

图 15.8

然后在下面设置贴图的存储路径和名称，并设置贴图的格式，这里选择 tga 格式（如图 15.9 所示）。其他参数如图 15.10 所示，生成 AO 贴图的时候记得打开 mental ray 渲染器。

（注意：如果忘记 mental ray 的激活方法可以参考金属喷罐章节的讲解。）

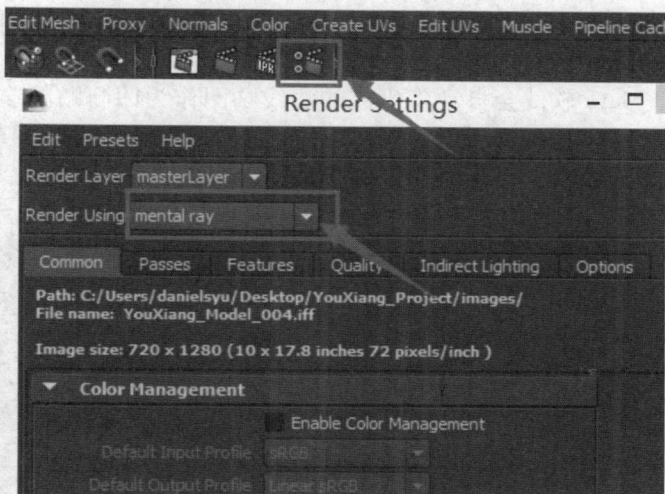

图 15.9

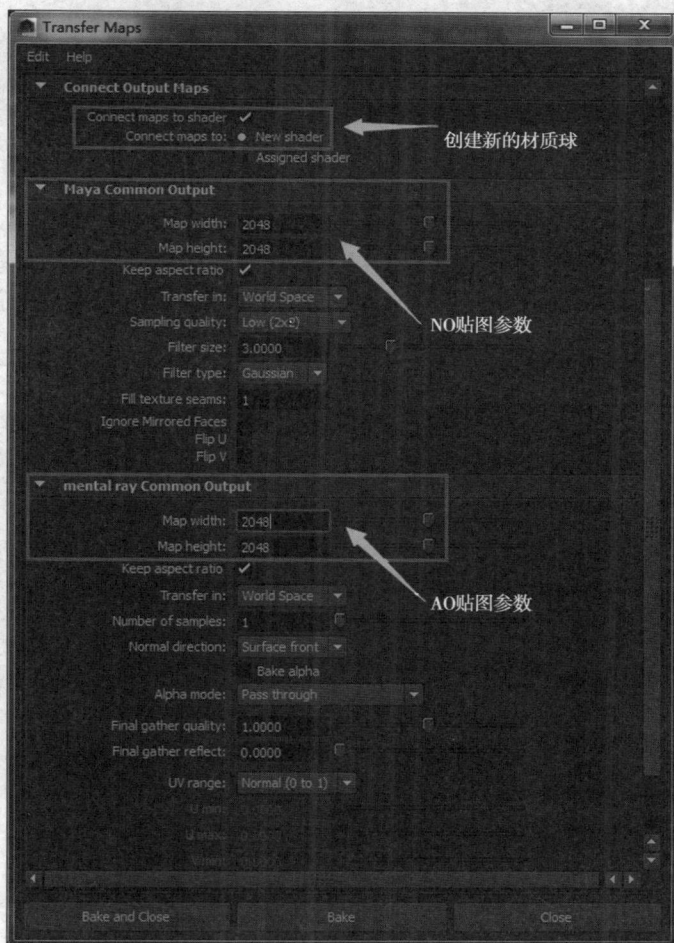

图 15.10

最后单击下面的 Bake 按钮，即可生成贴图。注意贴图的存储路径和名称不要含有中文，否则最后生成的贴图会出错。

打开 Hypershade，Maya 软件会自动将生成的法线贴图作为凹凸贴图连接到一个材质球上，并赋予简模，我们注意到这里 Bump 属性下的 Use As 选项是 Tangent Space Normals，而不是以前常用的 Bump 渲染。通过观察图 15.11 和图 15.12，体会法线贴图与普通的 Bump 贴图的不同。

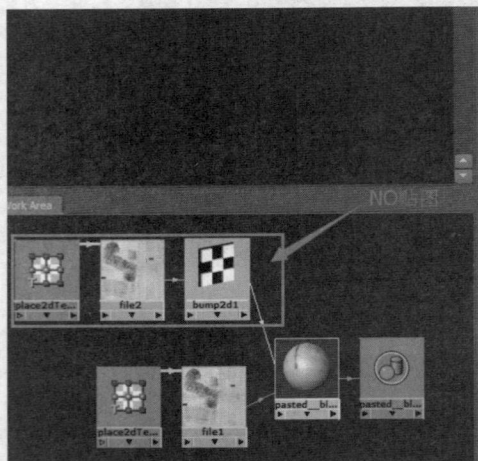

图 15.11

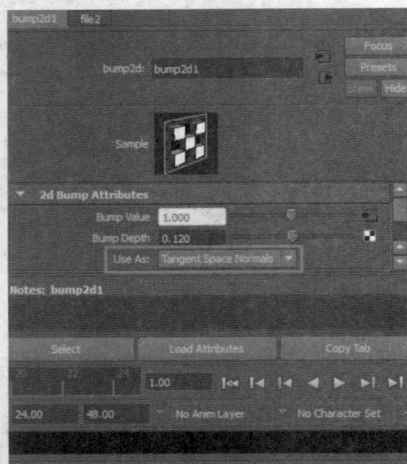

图 15.12

在 Photoshop 中打开 AO 贴图，把 UV 也导入 Photoshop 中，然后制作 color 贴图。完成 color 贴图的制作以后，把 AO 贴图放到图层的最上层，设置图层混合模式为正片叠底，不透明度根据效果进行调整（如图 15.13 所示）。完成调整后链接到 Maya 软件的颜色通道上即可，最后得到图 15.14 的效果。

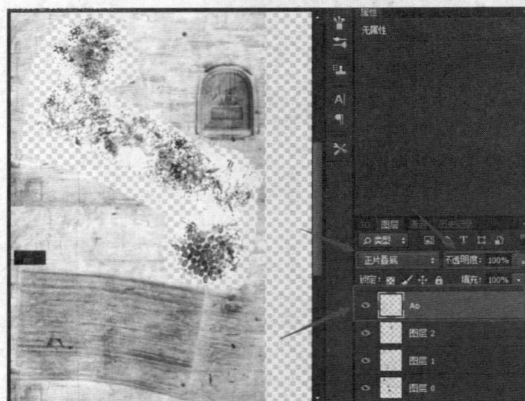

图 15.13

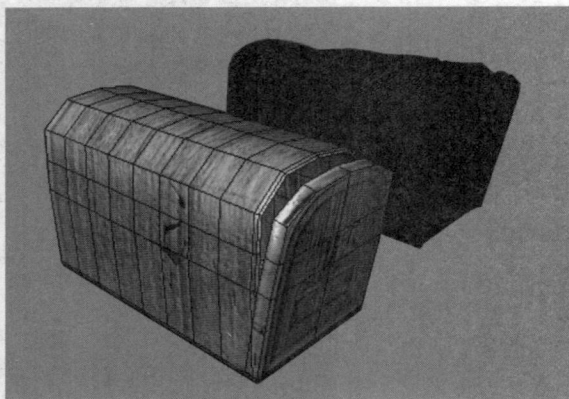

图 15.14

16 牙 刷

本章节讲述牙刷效果图的制作方法。

首先创建一个多边形正方体 Create – Polygon Primitives – Cube（创建—多边形基本几何体—立方体），如图 16.1 所示。

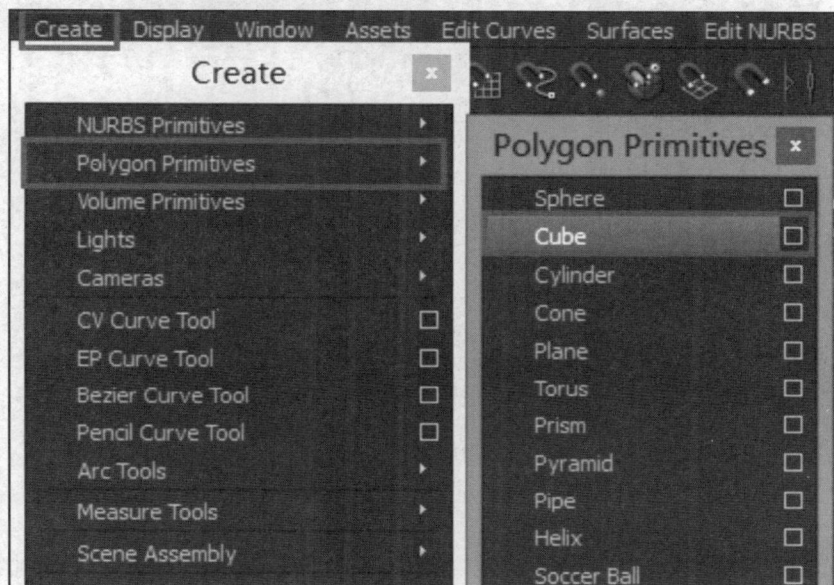

图 16.1

修改 Cube 的 Subdivisions Width、Subdivisions Height 和 Subdivisions Depth，如图 16.2 所示。

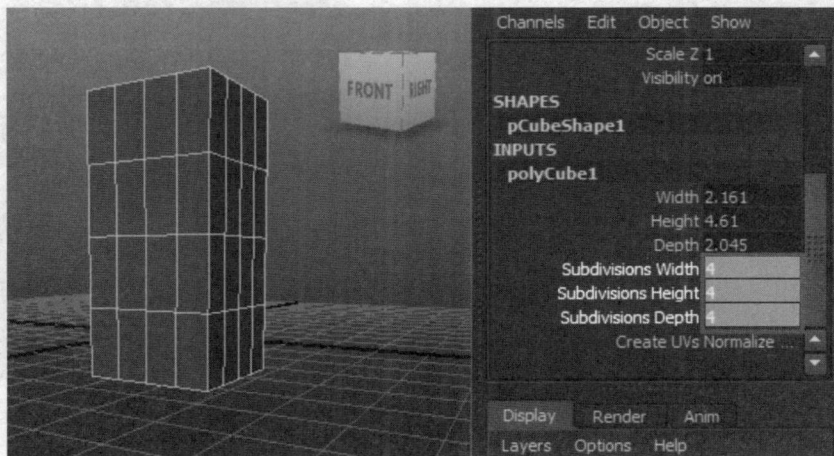

图 16.2

为了方便下面的制作，我们可以关掉网格显示，效果如图 16.3 所示。

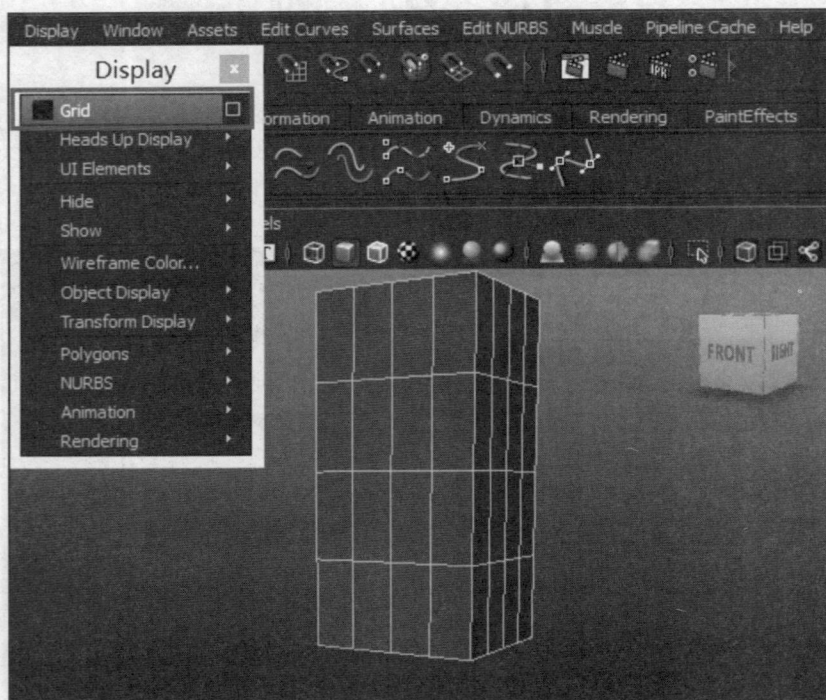

图 16.3

点击鼠标右键进入面（face）选择模式，选中左面所有面按"Delete"键删除，效果如图 16.4、图 16.5 所示。

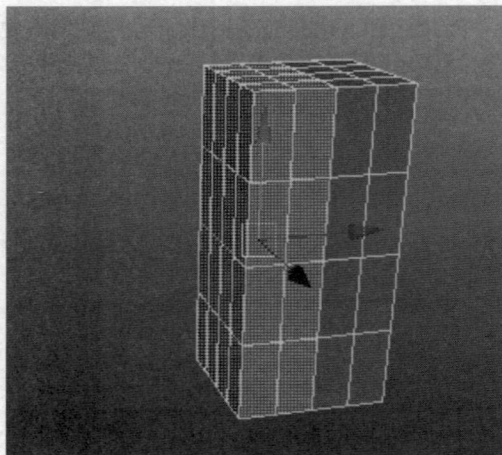

图 16.4

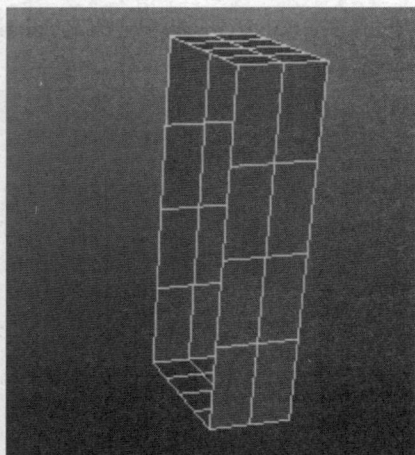

图 16.5

选择只剩下一半的 Cube，然后在 Edit 菜单中选 Duplicate Special 后面的小盒子图标，打开属性设置面板（如图 16.6 所示）。

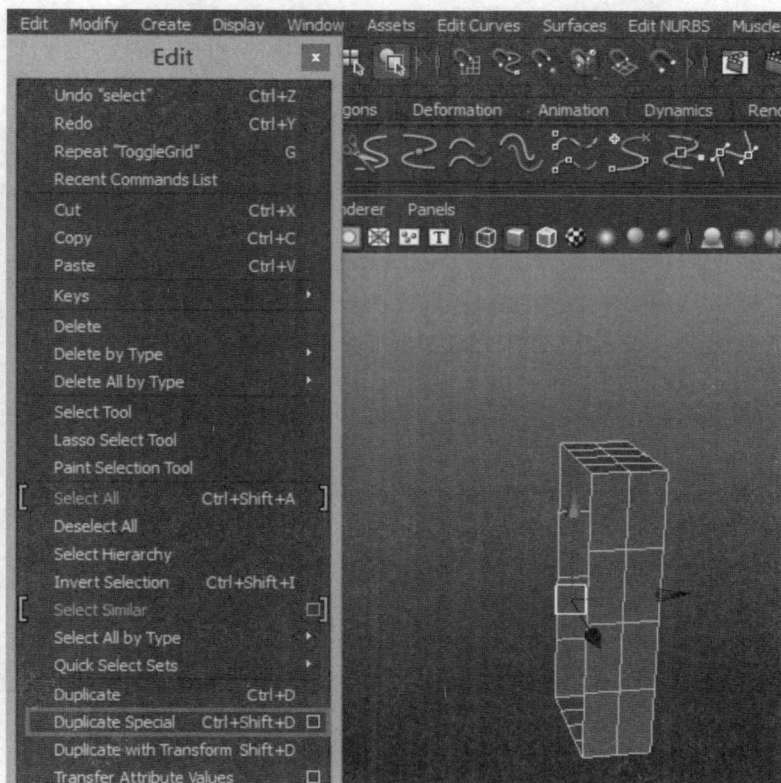

图 16.6

打开设置面板后，首先设置复制方式为 Instance（关联复制），然后再设置 Scale（缩放）中的 x 值为 -1.0000，最后单击 Duplicate Special 按钮执行命令（如图 16.7 所示）。

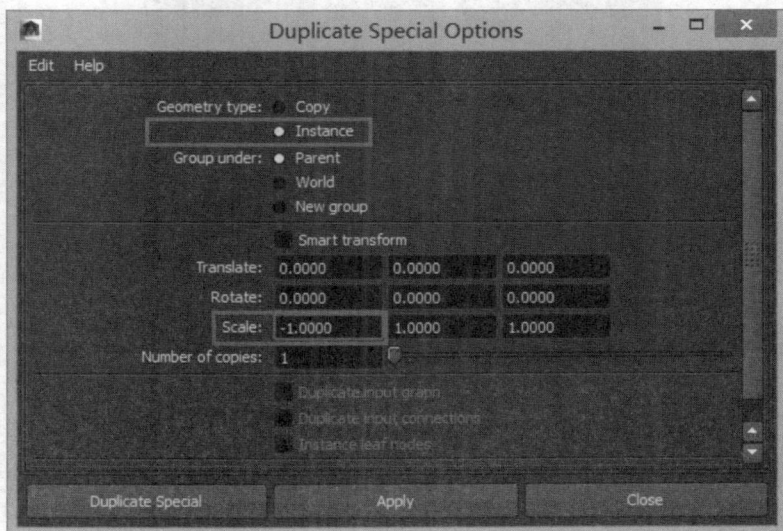

图 16.7

现在可以看到已镜像复制了 Cube 的另一面。在编辑模型的一面时，另外一面也会跟着变动，这样方便我们整体观察模型（如图 16.8、图 16.9 所示）。

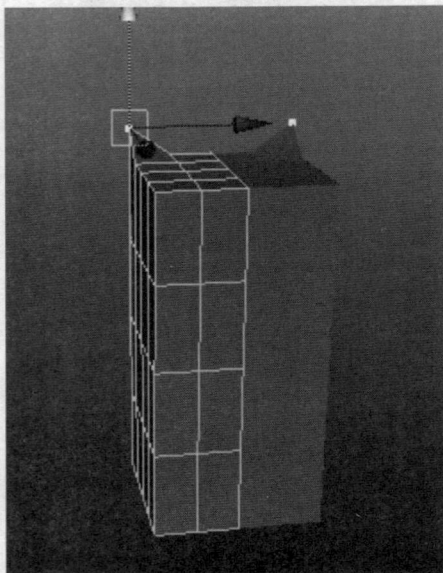

图 16.8

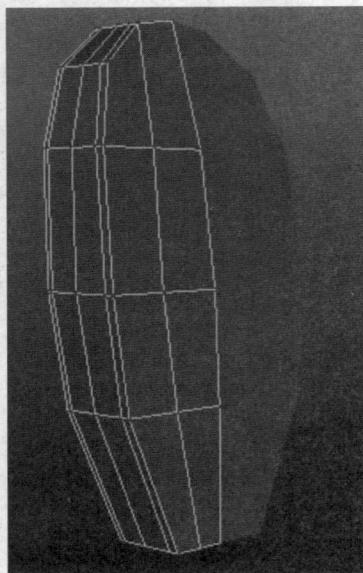

图 16.9

接下来进入面选择模式，选择模型底部的面后在 Edit Mesh 菜单中选择 Extrude 命令（如图 16.10 所示）。

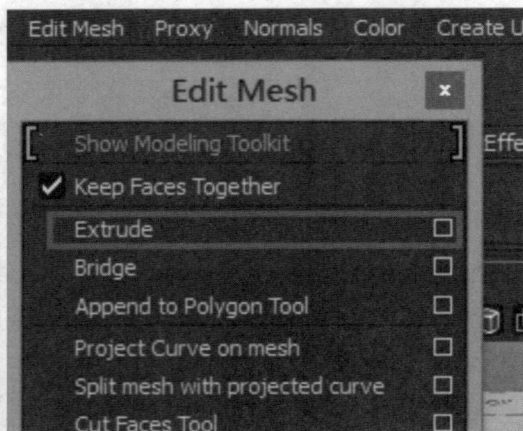

图 16.10

使用 Extrude 命令挤出如图 16.11 的效果。

选择模型后按键盘上的"3"键进入圆滑模式显示，发现模型中间部分会裂开，这是因为在挤出面的过程中产生了多余的面，我们只要进入面的模式把中间多余的部分删除即可（如图16.12 所示）。

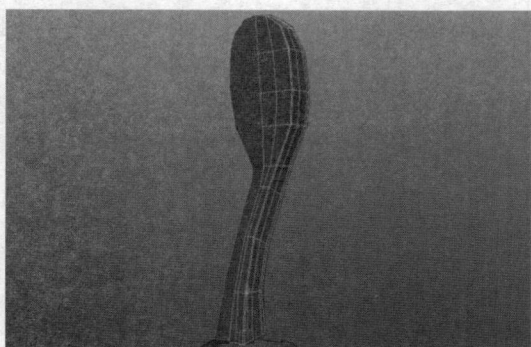

图 16. 11

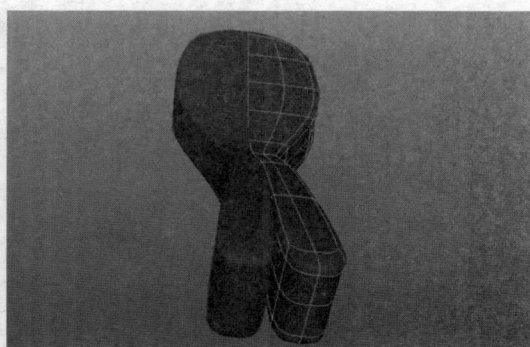

图 16. 12

为了方便删除，可以先选择一半模型，单独显示模型（如图 16. 13 所示）。

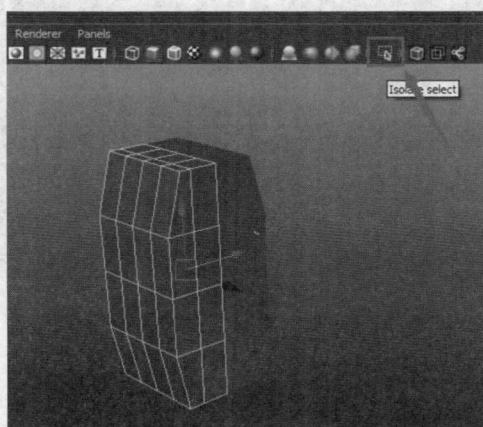

图 16. 13

单独显示后我们就可以选择中间重叠的面了。选中所有重叠面后按键盘上的"Delete"键删除掉（如图 16. 14 所示）。

使用和上面相同的挤出方法继续建模（如图 16. 15 所示）。

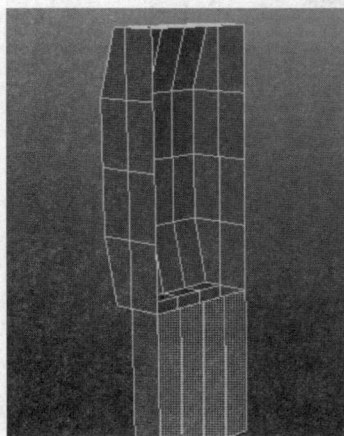

图 16. 14

图 16. 15

现在看到图 16.15 中牙刷底部有一个开口处，我们需要把它补上。使用 Edit Mesh 菜单中的 Append to Polygon Tool 命令进行操作（如图 16.16 所示）。

图 16.16

在 Append to Polygon Tool 命令激活状态下单击一条边，然后再单击与它相对的边后按回车键以创建一个新的面（如图 16.17 所示）。

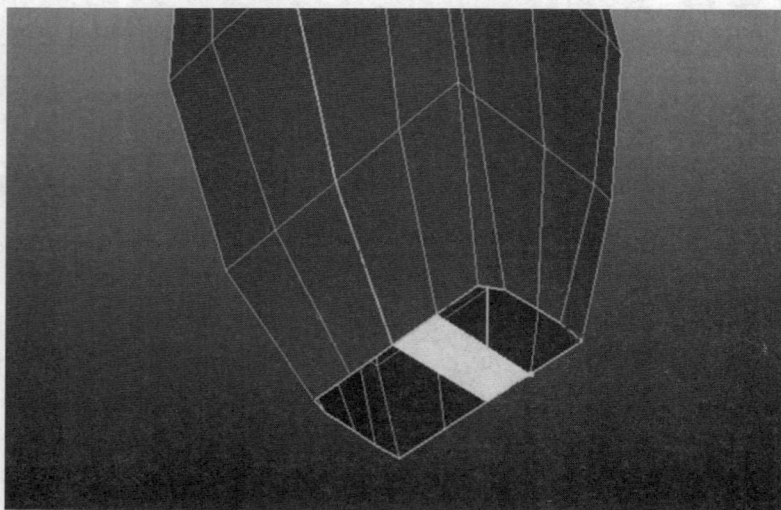

图 16.17

双击开口处的边进行环形选择后，在 Mesh 菜单中选择 Fill Hole 命令进行填充洞操作（如图16.18、图 16.19 所示）。

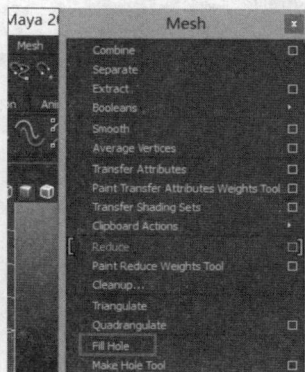
图 16.18

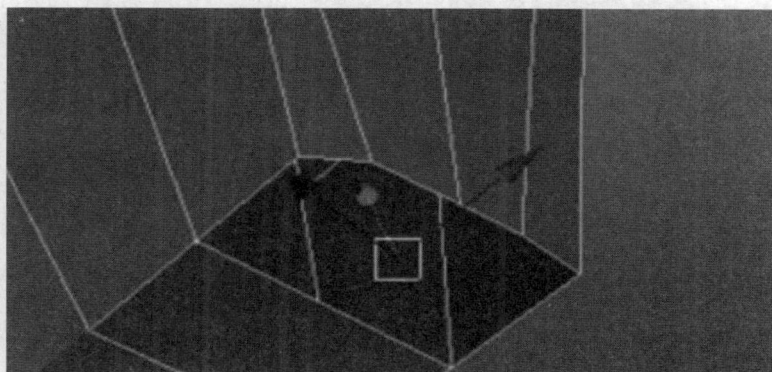
图 16.19

填充洞操作完成后需要对面进行处理。在 Edit Mesh 菜单中使用 Split Polygon Tool 命令进行修改，修改后效果如图 16.20 所示。

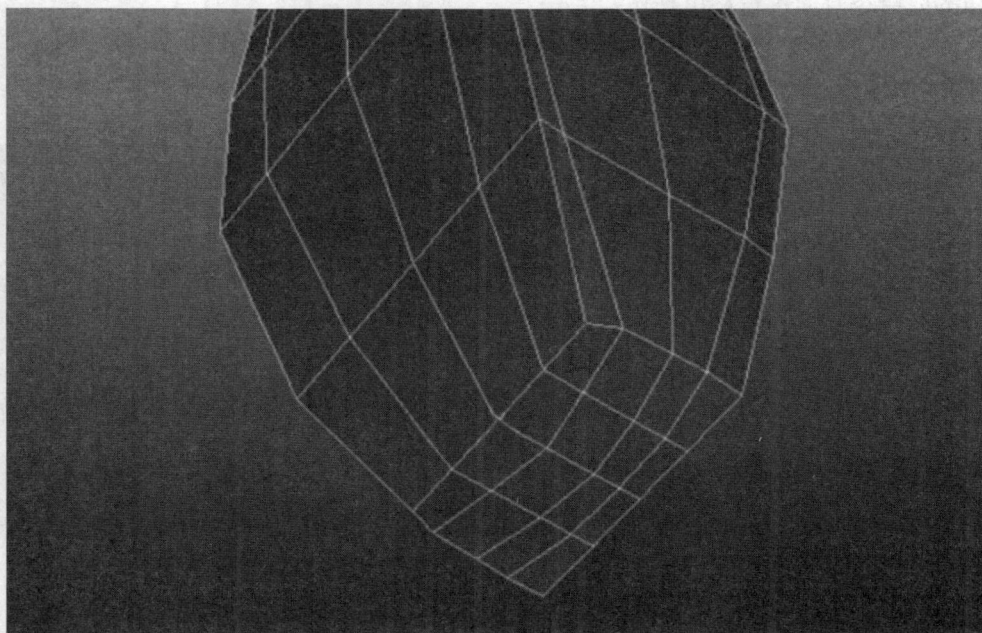
图 16.20

下一步需要对牙刷增加更多细节，所以需要使用 Edit Mesh 菜单中的 Insert Edge Loop Tool 命令给模型增加更多循环线（如图 16.21 所示）。

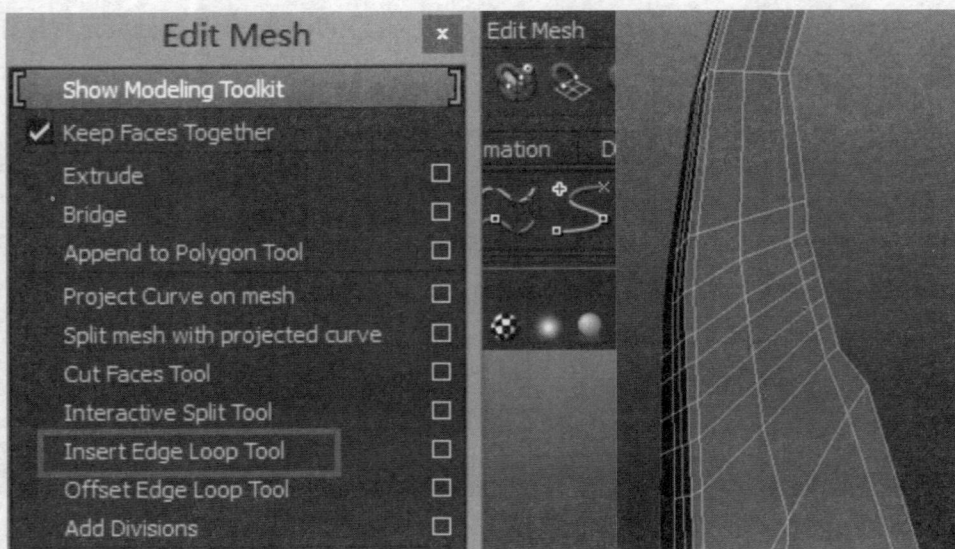

图 16.21

加完循环线之后进入面选择模式，按图 16.22 所示选择面，在面选择的状态下用 Edit Mesh 菜单的 Extrude 命令对面进行挤出操作。

按键盘上的"3"键在圆滑模式下观看模型，发现与之前同样的问题，所以我们需要再次删除重叠的面（如图 16.23 所示）。

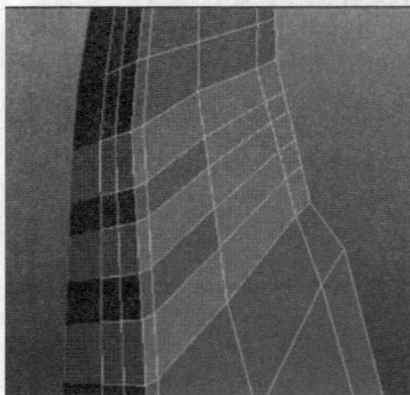

图 16.22

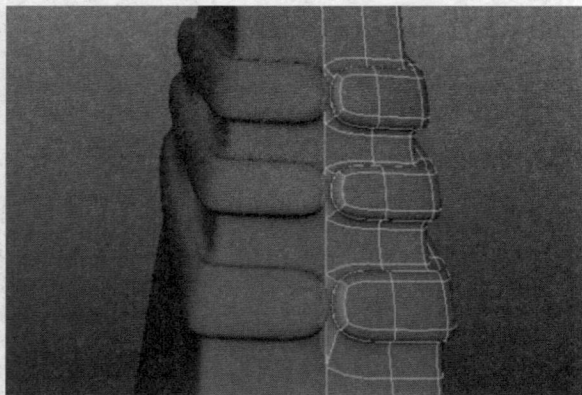

图 16.23

删除重叠的面后得到如图 16.24 所示的效果。

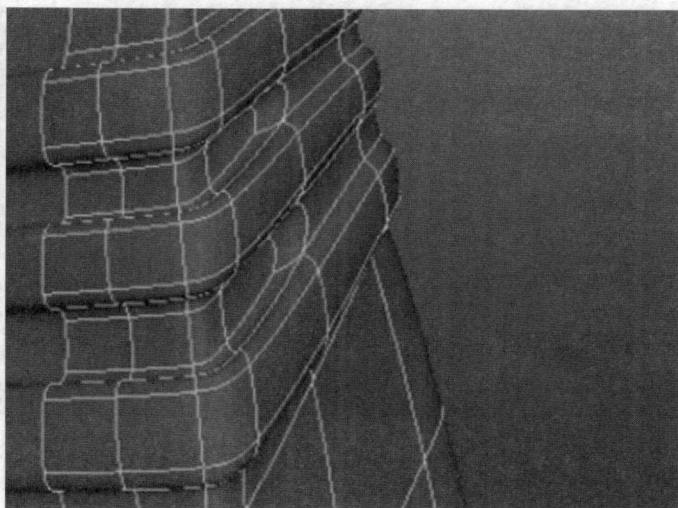
图 16.24

继续使用 Insert Edge Loop Tool 命令给模型增加循环线，增加循环线后模型如图 16.25 所示。

下一步进入面选择模式，按图 16.26、图 16.27 所示选择面，并对选择好的面进行挤出，注意不要挤出太多。

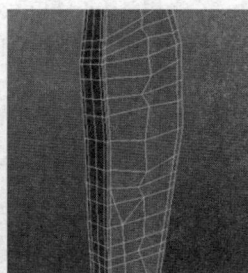
图 16.25

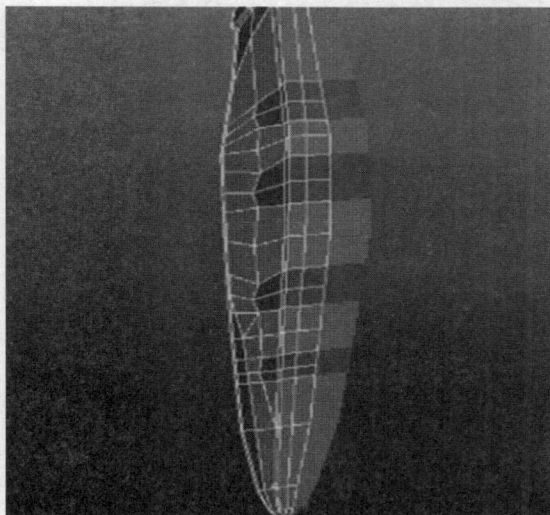
图 16.26

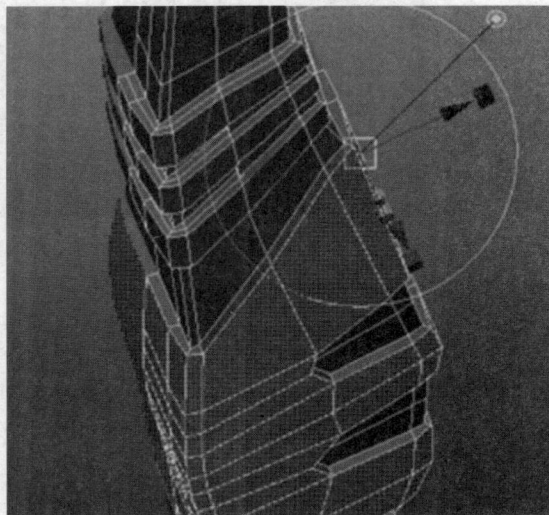
图 16.27

为了增加凹槽的深度感，我们再次在 Edit Mesh 菜单中使用 Insert Edge Loop Tool 命令增加循环线（如图 16.28、图 16.29 所示）。

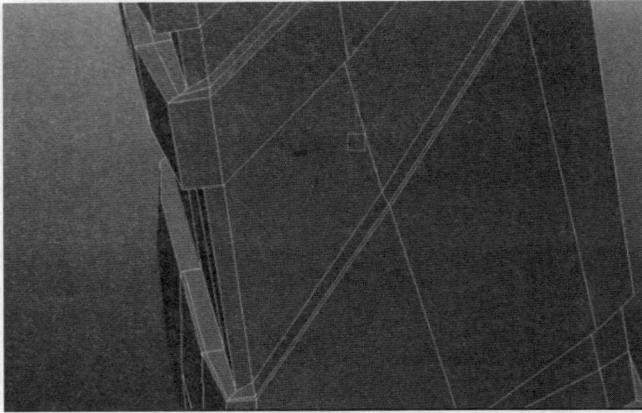

图 16.28

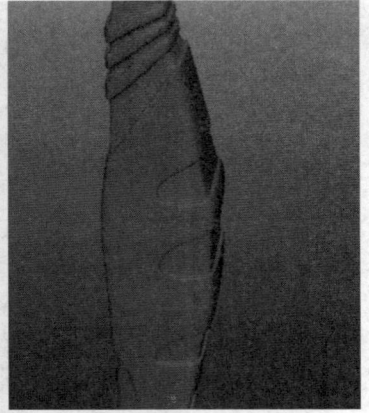

图 16.29

下一步制作牙刷毛。在开始制作前进入面选择模式，选择牙刷柄头上的面，再选择 Edit Mesh 菜单中的 Duplicate Face 命令复制选中的面（如图 16.30 所示）。

选择新复制出来的面，切换到点选择模式，并调整外形（如图 16.31 所示）。

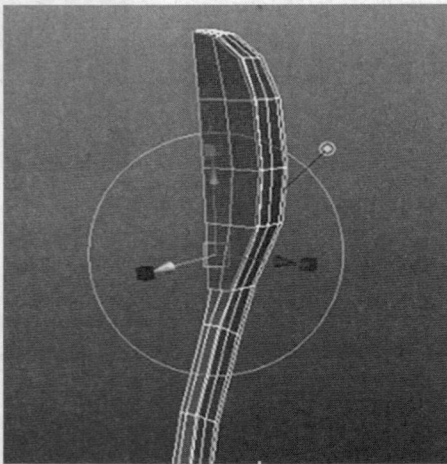

图 16.30

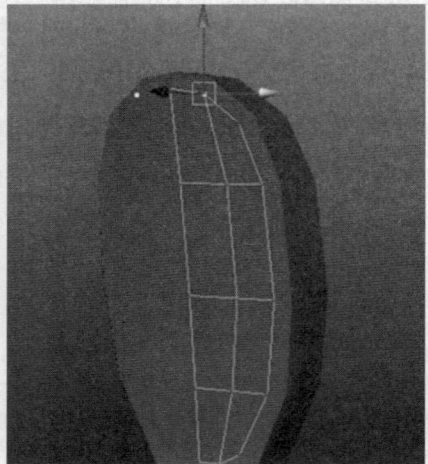

图 16.31

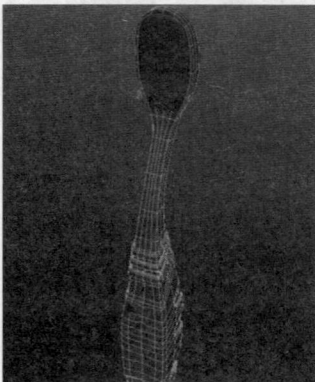

图 16.32

下一步切换到线选择模式。选择如图 16.32 所示的边界线，使用 Edit Mesh 中的 Extrude 命令对线进行挤出操作，然后制作牙刷头背面的舌头清洗垫。进入面选择模式，使用 Edit Mesh 菜单中的 Duplicate Face 命令对选择的面进行复制与调整，使用 Edit Mesh 菜单中的 Insert Edge Loop Tool 命令给面增加细节。合并后的模型的点没有粘贴到一起，需要使用 Edit Mesh 菜单下的 Merge 命令对重叠点进行粘贴处理，如图 16.32 所示。

下面开始制作牙刷毛，在 Create – Polygon Primitives 菜单中创建一个新的 Cylinder（圆柱体），并修改新创建的圆柱体参数（如图 16.33 所示）。

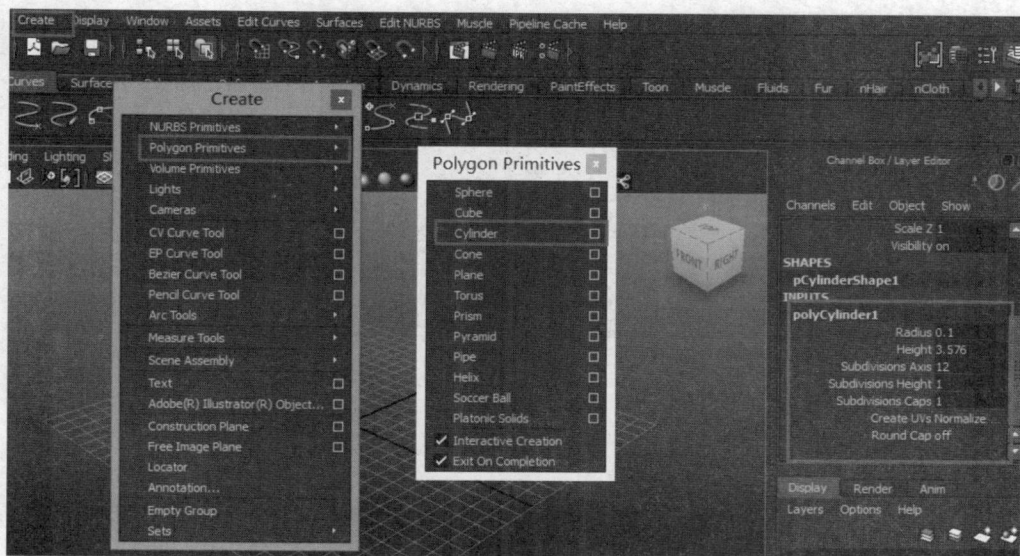

图 16.33

选择圆柱体模型，按快捷键 "Ctrl + D" 进行拷贝，对新复制的模型进行排列（如图 16.34 所示）。

图 16.34

选择所有新复制的模型后按快捷键 "Ctrl + G" 进行打组，由于打组后的组坐标保持在原始位置不方便我们接下来的操作，因此要打开 Modify 菜单中的 Center Pivot 命令把坐标移动到模型的中心位置（如图 16.35、图 16.36 所示）。

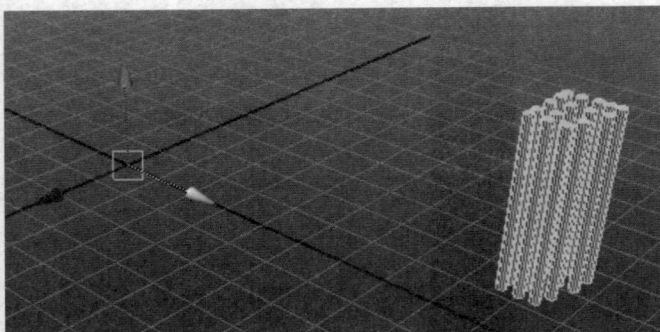

图 16.35

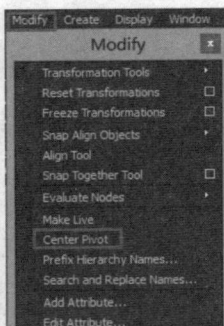

图 16.36

按快捷键 "Ctrl + D" 对模型组进行如图 16.37 的复制和排列。

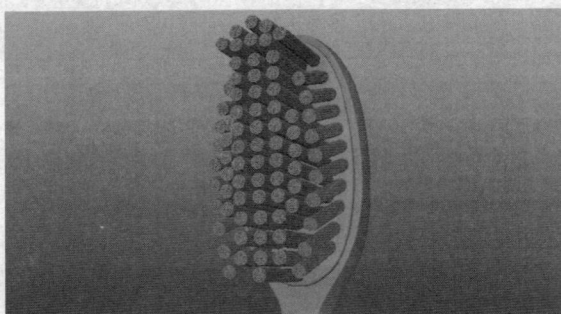

图 16.37

下一步对模型进行分离，以便我们给牙刷不同的部分赋予不同的材质。首先进入面选择模式，选择面后在 Mesh 菜单中使用 Separate 命令分离模型。打开材质编辑器，单击 Window – Rendering Editors – Hypershade，创建一个新的 Blinn 材质，如图 16.38 所示。

图 16.38

双击 Blinn 材质球打开材质编辑面板，在 Color 通道中设置颜色（如图 16.39 所示）。

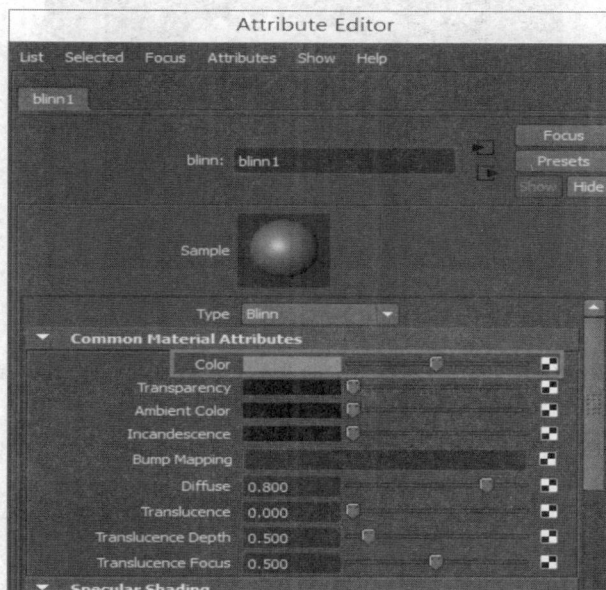

图 16.39

　　然后为场景创建灯光。使用 mental ray 作为渲染器，打开 mental ray 全局渲染设置，在全局渲染设置面板中设置 Render Using 为 mental ray，移动和旋转牙刷到希望的渲染角度然后进行渲染。为了使阴影看上去更漂亮，需要单独创建一个 AO 通道来增加阴影效果。首先需要创建一个 Surface Shader 材质，再创建一个 mib_amb_occlusion 节点，接下来用鼠标中键拖动 mib_amb_oc-clusion 节点到 Surface Shader 材质上面，在弹出的菜单中选择 Default 进行默认链接（操作如图 16.40 所示、效果如图 16.41 所示）。

图 16.40

图 16.41

选择场景中的地面和牙刷，把 AO 材质添加到物体上，然后在 Photoshop 中进行合并（如图 16.42 所示）。在 Photoshop 中对图层进行叠加处理，切换 AO 图层位置，设置图层混合模式为正片叠底，得到最终效果（如图 16.43 所示）。

图 16.42

图 16.43